陇东学院著作基金
甘肃省青年科技计划项目（18JR3RM240）
甘肃省安全生产科研项目（GAJ00011）
甘肃省高等学校创新能力提升项目（2019B-154）

低渗高瓦斯煤层采空区瓦斯立体式抽采技术

张巨峰　著

北　京
冶　金　工　业　出　版　社
2019

内 容 提 要

本书共分 7 章，内容包括低渗高瓦斯煤层瓦斯赋存规律及瓦斯含量测定方法与预测，地面钻井抽采情况下采空区瓦斯分布规律，防剪切破断地面立井井身结构设计以及水平与地面立井立体式瓦斯抽采技术的应用等。

本书可作为高等院校安全工程、采矿工程等专业师生的教学用书或参考书，也可供政府安全管理部门、煤炭行业科研机构及企事业单位的科技、技术与管理人员阅读。

图书在版编目（CIP）数据

低渗高瓦斯煤层采空区瓦斯立体式抽采技术/张巨峰著. —
北京：冶金工业出版社，2019.8
  ISBN 978-7-5024-8192-6

Ⅰ.①低… Ⅱ.①张… Ⅲ.①煤矿—采空区—瓦斯抽放
Ⅳ.①TD712

中国版本图书馆 CIP 数据核字（2019）第 176453 号

出 版 人　谭学余
地　　址　北京市东城区嵩祝院北巷 39 号　邮编　100009　电话　（010）64027926
网　　址　www.cnmip.com.cn　电子信箱　yjcbs@cnmip.com.cn
责任编辑　王梦梦　美术编辑　郑小利　版式设计　禹　蕊
责任校对　卿文春　责任印制　牛晓波
ISBN 978-7-5024-8192-6
冶金工业出版社出版发行；各地新华书店经销；三河市双峰印刷装订有限公司印刷
2019 年 8 月第 1 版，2019 年 8 月第 1 次印刷
169mm×239mm；10.25 印张；205 千字；155 页
66.00 元
冶金工业出版社　投稿电话　（010）64027932　投稿信箱　tougao@cnmip.com.cn
冶金工业出版社营销中心　电话　（010）64044283　传真　（010）64027893
冶金工业出版社天猫旗舰店　yjgycbs.tmall.com
（本书如有印装质量问题，本社营销中心负责退换）

前　言

　　随着我国煤炭高产高效矿井建设的持续深入，工作面单产水平不断提升，矿井生产向集约化发展。与其他开采技术相比，综采放顶煤开采技术不但产量高、适应性强，而且还具有生产效率高和成本低等优点，因此广泛应用在我国多数厚煤层矿区，尤其在西北地区，取得了良好的社会经济效益，为煤炭资源高效生产奠定了基础。综放开采虽具有适应性强、产量高的优点，但也有许多制约因素影响着煤炭安全高效生产。其中，低渗高瓦斯煤层的瓦斯防治问题就是影响综放安全开采的主要因素之一。

　　低渗高瓦斯煤层瓦斯压力大，钻孔施工困难，经常出现卡钻、夹钻、埋钻等现象，致使钻孔施工深度不够，塌孔严重，且煤层透气性差，难以形成瓦斯卸压裂隙通道，抽采效果不佳，因此，开采过程中极易造成瓦斯积聚和瓦斯超限现象。鉴于此，我国绝大多数矿区尝试应用采动卸压地面钻井瓦斯抽采技术或采空区地面钻井瓦斯抽采技术解决矿井瓦斯问题。

　　本书以作者主持的甘肃省青年科技计划项目（18JR3RM240）、甘肃省安全生产科技项目（GAJ00011）、中国煤炭工业协会科学技术研究指导性计划项目（MTKJ2018-277、MTKJ2018-279）、陇东学院青年科技创新项目（XYZK1610）的研究内容为基础，介绍了特厚煤层采动覆岩移动破坏规律，分析了煤岩层裂隙分布特征、卸压范围及演化规律，并阐述了采动裂隙场时空演化规律与卸压瓦斯的运移扩散规律，这对于指导采空区瓦斯抽采技术的实施，最终形成立体式瓦斯抽采系统，提高煤层瓦斯抽采率具有十分重要的意义。

　　本书撰写过程中，得到了靖远煤业集团魏家地煤矿《魏家地煤矿井田瓦斯地质赋存规律及瓦斯综合防治技术》项目组以及靖远煤业集团与中国矿业大学组成的《特厚煤层采空区瓦斯流场控制与钻井产气增产技术》项目组的大力帮助，在此表示衷心感谢！

　　同时，本书撰写过程中，作者也参阅了大量文献资料，吸收了许多专家、学者的研究成果，在此对文献作者一并表示衷心感谢！

　　由于作者水平有限，书中不当之处，敬请读者批评指正！

作　者

2019 年 3 月

目　　录

1 绪　　论

1.1　背景及意义

1.1.1　煤炭能源的主体地位

中国能源的赋存特点为富煤、贫油、少气[1]，据专家预测，2020 年、2030 年、2050 年我国煤炭产能分别为 44 亿吨、40 亿吨、34 亿吨[2]，因此煤炭的主体能源地位在未来相当长的一段时期内无法改变。我国煤炭资源丰富、品种齐全、分布范围广，而石油、天然气储量相对不足，在已探明的一次能源储量结构中，煤炭占 94%，石油和天然气分别仅占 5.4% 和 0.6%。煤炭资源远景储量达 5 万多亿吨，已探明资源量 1.2 万亿吨，仅次于俄罗斯和美国，居世界第三位。中国是世界上最大的煤炭生产和消费国，2017 年煤炭产量达到 35.23 亿吨，煤炭消费量为 38.5 亿吨。尽管我国正积极发展低碳循环经济，煤炭在一次性能源结构中的占比将会有所下降，但煤炭资源所具有的可靠性、低廉性、可洁净性等优良特性决定了煤炭工业在国民经济中的主体地位不会改变，发展前景广阔。但由于我国煤炭资源赋存条件复杂，且浅部煤炭资源已接近枯竭，许多矿井已开始进入深部开采[3]，地应力和瓦斯压力不断加大，大量浅部低瓦斯矿井升级为高瓦斯矿井甚至煤与瓦斯突出矿井，煤炭开采过程中经常伴随瓦斯超限现象，灾害风险不断增大，煤矿安全生产形势愈加严峻[4]。

1.1.2　煤矿生产安全事故情况

我国煤炭行业与其他行业相比安全生产形势较为严峻，与世界其他主要产煤大国相比，产量占全世界煤炭生产总量的 40% 以上，但事故死亡人数却是最高的，占全世界煤炭事故死亡人数的 70% 左右。2010 年全国煤炭产量为 34.28 亿吨，百万吨死亡率为 0.803；2011 年全国煤炭产量为 35.2 亿吨，百万吨死亡率为 0.564；2012 年全国煤炭产量为 39.5 亿吨，百万吨死亡率为 0.374；2013 年全国煤炭总产量为 39.7 亿吨，百万吨死亡率为 0.293；2014 年全国煤炭总产量约为 38.7 亿吨，百万吨死亡率为 0.257；2015 年全国煤炭总产量约为 37.5 亿吨，百万吨死亡率约为 0.157；2016 年全国煤炭总产量约为 34.1 亿吨，百万吨死亡率约为 0.156；2017 年全国煤炭总产量约为 35.2 亿吨，百万吨死亡率约为

0.106。2018 年全国煤炭总产量为 36.8 亿吨，百万吨死亡率为 0.093，虽首次降至 0.1 以下，安全形势依然比较严峻，各类自然灾害类事故时有发生。2018 年 8 月 6 日，贵州省盘州市石桥镇梓木戛煤矿 110102 开切眼发生瓦斯突出事故，造成 13 人死亡、7 人受伤。2019 年 1 月 12 日，陕西省神木市永兴办事处百吉煤矿发生井下冒顶事故，造成 21 人死亡。这些事故充分说明煤矿安全生产形势依然严峻。

1.1.3 我国高瓦斯矿井和煤与瓦斯突出矿井分布

我国约 95% 的煤矿是井工矿井，在世界各主要产煤国家中开采条件最差、灾害最为严重，其中陆上埋深 2000m 以浅的煤层瓦斯资源量为 36 万亿立方米，测定的煤层最高瓦斯压力达到 13.8MPa。

我国多数煤矿有瓦斯涌出现象，全国煤矿的年瓦斯涌出量在 100 亿立方米以上。高瓦斯和煤与瓦斯突出矿井的产量占全国煤矿总量的 1/3。重庆南桐、天府、松藻，辽宁沈阳、北票、抚顺，湖南白沙、涟邵，贵州六枝、水城、盘江，江西英岗岭、丰城，安徽淮南、淮北，山西阳泉，黑龙江鸡西、鹤岗，河南平顶山、焦作、郑州，陕西铜川等矿区是我国瓦斯大、灾害严重的地区。根据 2008 年矿井瓦斯等级鉴定结果，885 处国有重点煤矿中，煤与瓦斯突出矿井 176 处，占 19.89%；高瓦斯矿井 181 处，占 20.45%；低瓦斯矿井 528 处，占 59.66%。如图 1-1 所示。

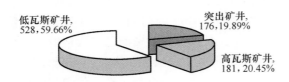

图 1-1 我国国有重点煤矿瓦斯分布情况

高瓦斯矿井主要集中在贵州、四川、江西、山西、云南、湖南和重庆等 7 省市，共有高瓦斯矿井 2016 处，占高瓦斯矿井总数的 89%；其余 19 个省区共有 244 处，仅占 11%。其中北京、福建和青海 3 个省市没有高瓦斯矿井，如图 1-2 所示。

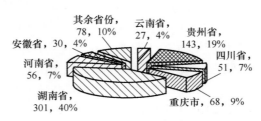

图 1-2 我国高瓦斯矿井分布

突出矿井主要集中在湖南、贵州、重庆、河南、四川、安徽和云南 7 个省市，共有突出矿井 676 处，占突出矿井总数的 89.7%，其中瓦斯灾害严重的湖南省有突出矿井 301 处，占 40%；其余 19 个省共有突出矿井 35 处，仅占 10.3%。其中，北京、内蒙古、福建、广西、青海和新疆 6 个省区没有突出矿井，如图 1-3 所示。

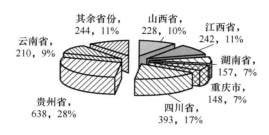

图 1-3　我国煤与瓦斯突出矿井分布

1.1.4　煤矿瓦斯事故情况

近些年来，随着矿井浅部资源枯竭，煤炭开采正以每年 15～20m 的速度向深部延伸，许多低瓦斯矿井升级为高瓦斯矿井，甚至煤与瓦斯突出矿井，瓦斯灾害越来越严重，导致我国瓦斯事故居高不下。2013 年 3 月 29 日，吉林省吉煤集团通化矿业集团公司八宝煤业公司发生特别重大瓦斯爆炸事故，造成 36 人遇难、12 人受伤，直接经济损失 4708.9 万元。2016 年 10 月 31 日，重庆市永川区金山沟煤业有限责任公司发生特别重大瓦斯爆炸事故，事故共造成 33 人死亡、1 人受伤，直接经济损失 3682.22 万元。2016 年 12 月 3 日，内蒙古自治区赤峰宝马矿业有限责任公司发生特别重大瓦斯爆炸事故，事故共造成 32 人死亡、20 人受伤，直接经济损失 4399 万元。2018 年 4 月 4 日，黑龙江省龙煤集团鸡西矿业有限责任公司滴道盛和煤矿立井发生煤与瓦斯突出事故，造成 5 人死亡。从这些事故可以看出瓦斯事故数量和死亡人数均逐年下降，但是与其他事故相比仍然很高，仍是制约矿井安全生产发展的重要影响因素。

1.2　采空区瓦斯抽采的意义及主要技术措施

1.2.1　采空区瓦斯抽采的意义

煤层瓦斯是吸附在煤体中的一种非常规天然气，其主要成分是甲烷，具有燃烧和爆炸性，如果在煤炭生产过程中对瓦斯防控不当，就可能发生群死群伤的惨重事故。同时，甲烷是一种较为强烈的温室气体，其百年全球增温潜势（GWP）为二氧化碳的 21 倍，若直接将煤层瓦斯排入大气中将会加速全球气候变暖，破坏生态环境，甚至可能导致物种绝种等重大问题。煤层瓦斯也是一种清洁能源，对其进行开发利用可有效缓解我国天然气供应量不足的局面。因此，无论是从煤矿安全生产、环境保护还是资源开发利用等角度来说，煤层瓦斯抽采和综合利用均具有十分重要的意义[5]。

近些年来，随着我国社会经济发展，煤炭产量增加，越来越多的采煤工作面因回采结束而封闭。同时，随着国家去产能力度的持续加大，许多不规范的煤与瓦斯突出矿井被关闭或封闭，这些封闭的工作面或矿井称为老空区。据不完全统计，截至 2018 年，我国已有 1542 个国有重点煤矿封闭，预计到 2050 年，封闭的矿井数量将达到 3000 多处。中国煤炭信息研究院的调查结果表明，我国 82 个国有重点煤矿中有 69% 的矿井封闭，主要集中在阳泉、鸡西、鹤岗、辽源、北票、水城、永荣、天府等矿区。已封闭的矿井中高瓦斯矿井约占 70%，其中老空区瓦斯储量预计达数千亿立方米[6~8]。

采空区瓦斯可能涌向其他采掘空间，导致其他工作面瓦斯涌出量增大，甚至发生瓦斯异常涌出现象，导致瓦斯窒息事故或瓦斯爆炸事故的发生。其次，一些采空区瓦斯可能因井口封闭性差或地表裂隙直接涌向大气，加剧全球温室效应，这样的事例曾经在德国、英国等国家报道过。因此，采空区瓦斯抽采利用可以减小涌入其他工作面的瓦斯量，减小对邻近作业空间的瓦斯威胁；同时也可以减少老空区瓦斯直接涌向大气，避免产生温室效应，而且瓦斯气体的开发利用可以创造可观的经济效益。采空区瓦斯抽采技术是将采空区遗煤解吸的瓦斯及邻近煤岩层解吸释放的瓦斯通过钻孔抽采至地面加以利用，是煤与瓦斯共采技术体系的重要组成部分。现阶段，国内外采空区瓦斯抽采技术主要有：（1）井下采空区封闭埋管路（或钻孔）抽采；（2）地面钻井瓦斯抽采。其中，地面钻井瓦斯抽采技术不仅抽采效率高，效果好，而且施工作业环境比井下环境安全、可靠，可避免因片帮、冒顶引发安全事故。

本书将针对低渗高瓦斯煤层瓦斯抽采效果差的难题，利用采动卸压形成的"三带"理论，介绍采空区瓦斯运移规律，并在此基础上介绍采空区地面钻井瓦斯控制范围的数值模拟试验，为采空区地面钻井位置选择和井网布置提供理论基础，并介绍将上述理论成果应用于甘肃靖远矿区魏家地煤矿采空区瓦斯抽采工程实践情况，本书所阐述内容对推动我国西部地区低渗高瓦斯厚煤层采空区瓦斯开发和利用具有重要的理论与实践意义。

1.2.2 采空区瓦斯抽采主要技术

1.2.2.1 地面钻井采空区瓦斯抽采控制技术

在待采煤层工作面对应的地面施工一大直径钻孔，钻孔穿过煤层至上方岩石的裂隙带内，利用采动影响造成的"卸压增透增流"作用，从地面直接抽采煤层卸压瓦斯，随着工作面的推进，钻井抽采采空区内瓦斯[9]，如图1-4所示。其适应条件为：

（1）开采深度约400~500m。

（2）井下钻孔瓦斯抽采效果不佳或施工困难。

（3）具有自燃发火倾向性煤层，回采工作面月推进度不小于45m，并在不间断观察采空区的条件下方可实施地面钻井抽采瓦斯。

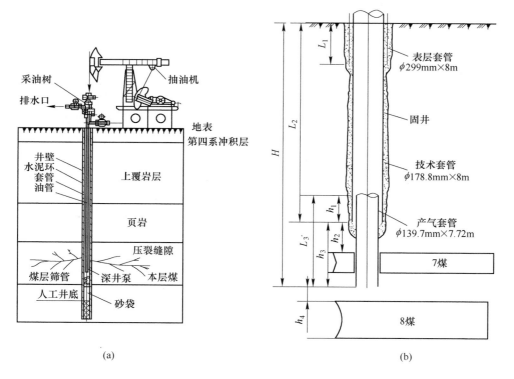

（a）　　　　　　　　　　　　　　　　　（b）

图1-4　地面钻井抽采本煤层瓦斯示意图

（a）地面压裂井筛管完井方式示意图；（b）地面垂直钻井结构示意图

　　开采深度大于500m，井下实施钻孔瓦斯抽采困难，塌孔、夹钻严重，可实施地面垂直钻井或水平定向钻井的方法抽采上邻近层、采空区及围岩的瓦斯。钻井的水平部分应位于开采层上部20~30m处；当钻井的水平部分距开采层10~15m时，抽采瓦斯效果不佳。当钻孔水平部分（长度）大于400~500m时，采用上述方法比较经济合理。这种抽采方式的钻孔间距应等于钻孔水平部分的长度。钻孔应布置在距回风平巷30~40m处。地面钻孔抽采邻近层、采空区瓦斯布置示意图如图1-5所示。

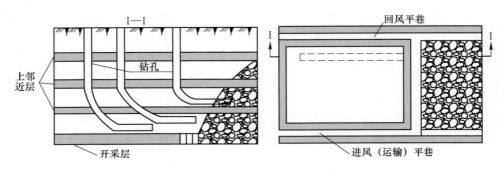

图 1-5 地面钻孔抽采邻近层、采空区瓦斯布置示意图

1.2.2.2 上隅角埋管采空区瓦斯抽采控制措施

随着采煤工作面的推进，大量瓦斯积聚在采空区靠上隅角处，因采空区漏风，致使采空区瓦斯不断向上隅角处积聚，并涌向回风巷。为防止上隅角瓦斯积聚，通过采空区上隅角埋管，借助上隅角埋管抽采负压作用实现采空区瓦斯分流，减少采空区瓦斯涌向回采工作面，有效降低了风流中瓦斯浓度，实现安全生产的目的[9]，具体如图 1-6 所示。

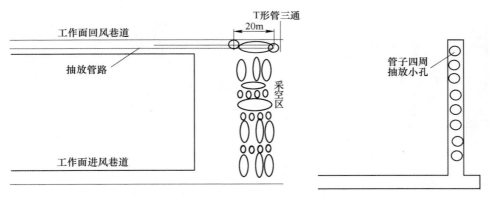

图 1-6 回采工作面上隅角埋管抽采瓦斯布置示意图

1.2.2.3 采空区半封闭埋管瓦斯抽采措施

采空区埋管抽采是通过安装管路直接抽采采空区瓦斯，以减少采空区瓦斯涌入工作面。抽采管路布置方式如图 1-7 所示，主管路和支管路交替迈步抽采瓦斯，使进入采空区内的吸气口距工作面上隅角的距离始终保持在 5~30m 之间。

为了提高抽采效率，对吸气口进行改进，将埋管吸气口的位置抬高到距采空区底板约 4m 高的位置。随着工作面的推进，顶板垮落，埋入的直立金属管吸气口处于采空区顶部，可以抽采高浓度瓦斯，提高了采空区瓦斯抽采率[9]。

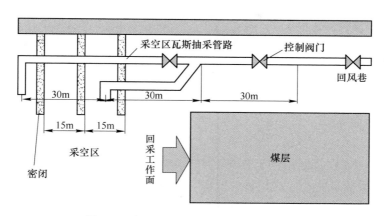

图 1-7 采空区埋管抽采管路布置示意图

1.2.2.4 高位钻孔采空区瓦斯抽采技术

高位钻孔是在回风巷向煤层顶板岩层中施工的钻孔。高位钻孔瓦斯抽采又称顶板裂隙带瓦斯抽采，主要作用是以工作面回采采动卸压形成的顶板裂隙作为瓦斯流动通道实现抽采瓦斯，并且减小上邻近层瓦斯涌向工作面的可能性，同时，对采空区下部的瓦斯起到抽吸的作用，减少采空区涌入工作面和上隅角的瓦斯量。采空区瓦斯抽采属于卸压瓦斯抽采，而瓦斯的卸压程度和富集区域受控于采空区顶板的冒落形态。在采空区瓦斯抽采的高位钻孔设计中钻场的层位、钻孔的终孔层位、钻场钻孔的压茬距离、终孔位置与风巷的平距等均与采空区的冒落形态密切相关[9]，高位钻孔瓦斯抽采设计示意图如图 1-8 所示。

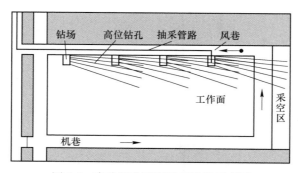

图 1-8 高位钻孔瓦斯抽采设计示意图

1.3 国内外现状

1.3.1 矿压显现及上覆岩层运动规律研究进展

采场矿山压力和岩层移动规律一直是地下煤矿开采采场顶板控制研究的核心内容，经过大量的研究，众多学者发现矿山压力显现、覆岩运移以及裂隙分布和采场瓦斯运移有着紧密联系。国内外许多专家学者通过大量的研究取得了很多实质性进展。

1.3.1.1 矿山压力显现

矿山压力显现是矿山压力作用的外在表现形式[10]。例如顶板冒落、下沉、底膨、支架变形和折损、充填物的压实、地表塌陷、煤体压松产生片帮或突然抛出、煤与瓦斯突出以及岩爆等统称为矿山压力显现。自 19 世纪末以来，基于实验和理论研究，国内外学者提出了众多关于覆岩运移和采场矿压的假说[11~16]。多种类型学说是按照采场属性认知的差异进行划分的，其中关于矿山压力显现机理的学说又可以划分为四种类型，即散粒体学说、岩梁学说、铰接砌块学说以及岩板学说。

A　散粒体学说

20 世纪初期，自然平衡拱假说原由俄国学者提出，随后德国学者 G. Gillitzer 和 W. Hack 等人在 1928 年提出了压力拱假说。这种类型学说的主要观点是：由于采场上方岩体是松散介质且具有一定黏结力，开采后失去平衡后的工作面上方将最终呈拱形。前拱脚即位于采场前方的煤体，采场采空区已垮落的岩石或充填体被定义为后拱脚，由于上覆岩体位于压力拱内破碎岩体的重量基本上形成了采动应力场中的支架压力，因此，可以得出无论顶板还是底板，其前后拱脚间形成了一个减压区。但是该假说仅仅对回采工作面的减压范围以及支承压力做了大概的解释，然而对于岩层采动过程中的移动、变形和破坏没有进行细致深入的探讨，同时没有深入研究拱的形成特性，且无法合理解释采场的周期来压问题。

B　岩梁学说

1916 年，悬臂梁假说由德国学者 K. Stoke 提出，将一端悬挂另一端固定于岩体的梁看作开采煤层中的采空区上覆岩层，组合悬臂梁即为多层岩层所构成的顶板。周期来压即当悬臂梁弯曲下沉且悬伸长度很大时，将会有规律地发生顶板周期性断裂，即顶板周期性垮落现象。虽然未考虑由支承压力所引起的顶板岩层预破坏，但工作面的周期来压现象通过这种假说得到了较好的解释。此外，20 世纪 50 年代初，比利时学者 A. Labasse 提出了顶板预成裂隙假说，认为在开采过程中回采面形成应力升高区、应力降低区及采动影响区等三区，同时上覆岩层在经过开采破坏后多数情况下成为非连续体。工作面顶板岩体由于前方支承压力的作用经过煤层采空后发生假塑性弯曲，即具有裂隙的"假塑性体"，原紧密的裂隙有效张开，致使在顶板裂隙岩块间产生相对滑移乃至垮落现象，同时多数情况发生在下部岩层大于上部岩层的下沉量的岩层间。但是，该假说对于支架与该梁间的力学关系没有进行定量确定，而且也没有给出该梁的具体范围。

20 世纪 70 年代末，我国宋振骐院士提出了传递岩梁学说，认为通过岩层之间的叠加而形成"传递岩梁"即所认定的"老顶"，并维持着向前方煤壁传递应力的状态，提出了以"给定变形"和"限定变形"等两种位态方程公式，内、外两个应力场以老顶断裂线为界存在于采场内，同时通过大量的现场实测，该学说在一定范围内得到了有效验证，在一定程度上指导了顶板安全管理和采场周期来压预测预报工作。

C 铰接砌块学说

20 世纪中期，苏联学者提出了铰接砌块假说，该假说认为工作面覆岩有两种破坏形式，即垮落和移动。垮落带上部垮落时呈规则的排列，垮落带的下部垮落时岩块则杂乱无章。相互铰合的规则移动带岩块会形成三铰拱式的平衡结构，采空区上方的铰接岩块在采煤工作面的推进过程中发生规则下沉。该理论虽然未对铰接岩块间的力学平衡条件作进一步解释探讨，但是初步涉及岩层内部的力学关系及其可能形成的结构，20 世纪 70 年代，通过大量的实验和现场研究提出了砌体梁学说[17~19]，认为当老顶达到极限垮距而断裂时，下沉变形过程中破断的岩块通过互相挤压以及摩擦咬合，形成实质为拱外表似梁的三铰拱式砌体梁结构；尤其是基于极限平衡原理推导得出"S-R"稳定条件[20~22]，即砌体梁结构的回转（rotation）稳定及滑落（slipping）稳定条件。

D 岩板学说

19 世纪初，由德国 G. R. Kirchhoff、法国 L. M. H. Navier 及后来美国的众多学者建立和完善了板的理论，随后又将此理论在矿山领域进行了应用[23]。国外的岩板理论在 20 世纪 80 年代被我国学者引入国内，即用简支或固支弹性板模型，取得了丰硕的应用成果[24~29]。

进入 20 世纪 90 年代，通过进一步发展原有砌体梁理论，形成了砌体梁关键块体稳定性理论，提出了岩层控制的关键层理论，并得以丰富和发展[30~34]，该理论认为强度不同、厚度不等的多层覆岩存在于直接顶上方，在采场覆岩活动中起主要控制作用的是其中一层至数层厚硬岩层，称为关键层。其中，主关键层为对直至地表的全部采场范围内的岩层活动起到关键的控制作用的岩层，主关键层通常只有一层；亚关键层为对采场上覆岩层局部活动起控制作用的岩层，可能不止一层。关键层下沉变形时，其上覆岩层的下沉量在局部或全部范围内同步协调，并且与关键层破断同步，从而引起较大范围内的岩层移动，砌体梁或板结构在关键层破断后依然是承载上覆岩层重量的主体结构。关键层理论的提出为更加深入地研究解释采动岩体活动规律与灾害防治理论奠定了基础，实现了岩层移动与地表沉陷、矿山压力、水与瓦斯运移研究的有机统一。此外，谢广祥等人[35~37]提出了宏观应力壳理论，认为综放采场宏观应力壳存在于覆岩三维空间内，同时应力壳上部的应力较大，且支承压力形成于应力壳拱脚处，在应力壳减压区内，相对缓和了工作面的周期来压，但应力壳的失稳在一定程度上导致了冲击矿压及岩爆等剧烈的矿压显现现象。综合来看，以上许多观点都有各自的特点，但不乏共性的结论，但是在特定力学模型所限定的前提条件下这些各自独有的特点才适用。

1.3.1.2　覆岩移动及采动裂隙分布

学者们通过研究采动影响对地面建筑、农田及交通设施的破坏，对覆岩移动及采动裂隙分布规律进行了探讨分析。1947 年，苏联学者阿威尔辛简述了岩层移动研究的发展史[38]，利用塑性理论建立了地表移动的计算方法，分析了煤炭回采对岩层移动的影响。1961 年，西德学者 H. Kratzsch[39,40]专门分析了采动岩体垂直变形及采动损害，认为竖直方向拉伸变形带存在于采空区上方，压缩带则存在于采空区外侧。

20 世纪 70 年代，英国国家煤炭局为了预测地表沉降做了大量现场研究[41]。此外，S. S. Peng 等人[42~45]通过研究开采引起的覆岩运动，提出了关于覆岩存在的三个不同移动带。20 世纪 80 年代，刘天泉院士等人[46,47]提出覆岩岩层移动由上至下形成弯曲下沉带、裂隙带和冒落带，沿工作面推进方向覆岩经历煤壁支承影响区、离层区和重新压实区。2019 年，钱鸣高院士[48]针对采动岩层运动及其对安全与环境的影响规律是煤炭开采的基础科学问题，介绍了采动覆岩运动的块体结构形式、岩层运动对工作面空间维护的影响、岩层运动对覆岩裂隙演化与地下水和地表沉陷等环境问题的影响、岩层运动对采动应力场影响等方面的研究进展与存在的主要问题，明确了岩层运动研究的重点和方向。指出：采动岩层运动是一种坚硬岩层破断前的应力集中和破断后形成块体的力学行为，坚硬岩层的破断和块体运动具有突变和不连续性，破断块体互相咬合可能形成"大变形"结构，块体咬合结构的 S-R 稳定性将对矿压显现、采动裂隙和地表沉陷等产生重要影响。随着以地表沉陷控制为基础提出覆岩"四带"模型[49]，该理论通过破裂带、离层带、弯曲带和松散冲击层带来划分岩层结构力学模型，同时分析对离层带和松散冲击层带在岩移计算中的重要性。文献［50］通过针对大范围覆岩破坏的运动演化规律研究，得出采场覆岩破坏所划分的"四带"，即整体下沉带、离层带、裂隙贯穿带及垮落带，并且用"偏置的不规则梯形"描述了覆岩破坏体的构形。中国矿业大学学者们[51,52]基于原有的关键层理论，研究了覆岩采动裂隙的分布特征，并揭示了采空区"O"形圈分布特征以及长壁回采工作面覆岩采动裂隙的两阶段发展规律。邓喀中[53,54]通过相似材料模型试验，通过岩体结构效应的分析，获得了离层裂缝发育、岩体破裂及碎胀采动规律，最终得出注浆孔位置确定、离层裂缝高度和长度计算的表达式。文献［55，56］通过应用地表点动态下沉曲线的分形插值，最终得出位于岩体内部移动和破坏的物理机制。李树刚等人[57,58]认为动态变化的采动裂隙椭抛带在空间上存在于综放开采采场的上覆岩层，对采动后覆岩关键层活动特征及其裂隙带分布形态的影响进行了分析。潘瑞凯等人[59]对双厚煤层开采后的覆岩裂隙发育规律进行了研究，揭示了浅埋双厚煤层开采后地表-上采区-下采区的漏风机制。王家臣等人[60]为探究采动应力场作用下顶煤裂隙场发育特征，采用室内实验、数值模拟、理论分析和现场实测等方法对综放开采顶煤裂隙场扩展的应力驱动机制进行了分析。得出：顶煤冒放性同采动裂隙发育程度呈正相关，推导出顶煤裂隙发生 Ⅰ、Ⅱ和Ⅰ-Ⅱ型扩展的应力场条件和优势扩展裂隙角确定方法，顶煤裂隙扩展与否和扩展类型受到主应力大小和主方向的影响；煤层回采后，顶煤最大和最小主应力均存在超前峰值现象，最大主应力演化存在增大和减小两个阶段，最小主应力则经历增大、减小和反向增大 3 个过程。撒占友等人[61]采用相似模拟试验进行研究，通过相似模拟试验结果分析得出，在上保护层开采之后，被保护层的泄压程度达到 80%，极限（最大）膨胀变形量接近 12‰。王新丰等人[62]以淮南矿区 3 个典型的深井工作面为工程背景，运用数值模拟、相似模型试验和现场监测的综合研究方法，对深部采场采动应力、覆岩运移以及裂隙分布的动态演化特征和时空耦合规律进行系统研究，相应探讨了采动应力场、覆岩位移场及顶板裂隙场的动态响应机制。研究发现：采动应力受开采进度影响明显，工作面见方前后 20m 的范围为应力显著影响区，两者之间具有动力响应的瞬变演化特征。

1.3.2 瓦斯渗流特性的研究现状

煤层瓦斯气体，一种既对煤矿安全生产造成严重威胁，同时又是一种赋存在煤体中价格低廉的清洁能源，研究其在煤层中的渗流特性具有重要的理论意义。基于前人的研究基础，许多学者提出了线性瓦斯流动理论、瓦斯渗流-扩散理论线性瓦斯扩散理论、非线性瓦斯渗流理论等。

1.3.2.1 线性瓦斯流动理论

19 世纪中期，法国工程师达西通过实验总结得出了线性渗流的概念，并在地下水资源开采、水利工程等方面得到了推广应用，取得了良好效果。20 世纪初，在 Darcy 定律的基础上，石油天然气渗流理论得到了丰富和发展，在 20 世纪 40 年代，苏联学者基于 Darcy 定律创立了瓦斯渗流力学，通过采用线性流动理论描述煤体中瓦斯流动规律。20 世纪 60 年代，周世宁院士[63]首次提出了线性瓦斯渗透理论，认为瓦斯的流动可以通过 Darcy 定律解释。

1.3.2.2 瓦斯渗流-扩散理论

随着瓦斯流动理论研究的深入开展，煤体中瓦斯渗流特性理论研究持续开展，国内外学者逐步认可了应用于煤层中瓦斯气体的渗流-扩散理论，认为煤层孔隙内的瓦斯扩散符合 Fick 定律，瓦斯在煤层裂隙网络中的流动符合 Darcy 定律。

1.3.2.3 线性瓦斯扩散理论

以菲克扩散定律为基础，王佑安[64]探讨了煤中孔隙赋存瓦斯的扩散机理和扩散模式，认为菲克定律可以解释煤中涌出的瓦斯规律，即线性扩散理论。

1.3.2.4 非线性瓦斯渗流理论

通过采用达西定律探讨煤层瓦斯渗流特性过程和在现场工作中观测瓦斯抽采时可以看到，多孔介质的气体渗流并不适用 Darcy 定律，主要因素包括离子效应、瓦斯速度过快、分子效应、瓦斯的非牛顿态势等。1984 年，符合瓦斯非线性流动规律的幂定律（Power law）由日本学者樋口澄志所提出，在试验的基础上，得出幂定律比 Darcy 定律更加符合实际瓦斯流动规律。孙培德[65]根据幂定律，用均质和非均质类型分别建立了煤层内瓦斯流动模型。罗新荣[66]将 Klinkenberg 效应引入了达西定律，通过大量实验研究和分析实现了非线性的瓦斯流动模型，并对 Darcy 定律的适用范围进行了定量讨论。姚宇平[67]采用数值计算手段探讨了达西定律和幂定律，与实测结果比较得出非线性瓦斯流动模型更为准确。

1.3.2.5 地球物理场影响下的瓦斯渗流特性

随着现代测试手段更新以及对瓦斯流动机理研究的深入，众多研究人员逐渐发现瓦斯渗流过程与原岩应力场、地电场与地温场等地场的影响有关，随着一系列测试和试验的进行，围绕着煤体孔隙压力、温度、应力等因素对煤体渗透率的影响展开了研究，最终建立和发展了地球物理场作用下的瓦斯流动模型，并在实验的基础上进行了修正。

随着矿井逐渐向深部开采，由深部开采所导致的井下煤层地应力升高、渗透性降低、地温升高等问题愈发显著，引起了矿业学者的高度关注。Somerton W H[68] 探讨了煤中瓦斯与氮气在三维应力影响下的渗透特征，得出煤层透气性随地应力升高按指数曲线降低的规律。Harpalani S[69,70] 与 Gawuga J 等人[71] 以煤层赋存的地质条件为基础，对瓦斯渗流和煤岩体之间的固气力学效应，以及煤样吸附瓦斯平衡后的力学性质、渗透性进行了探讨分析。Enever 等学者[72] 探讨了煤层在承受不同有效应力作用下煤层渗透性能演化特性，得出煤层中应力的增量和渗透能力演化呈指数关系，且渗透率和有效应力的关系可表达为：

$$K/K_0 = \exp(-3c\Delta\sigma) \qquad (1-1)$$

随着煤炭工业的发展，煤炭研究人员探讨了地球物理场对瓦斯在煤中的渗透特性与影响规律，并取得了丰硕的研究成果，促进了线性 Darcy 定律的修正研究。周世宁院士和林柏泉教授[73] 对煤中原岩应力环境对瓦斯的渗透性能的作用机制进行了实验模拟研究和探讨，认为原岩应力和煤中瓦斯渗透特性之间的表达式如下：

加载过程符合指数关系：

$$K = ae^{-b\sigma} \qquad (1-2)$$

卸载过程符合指数关系：

$$K = K_0\sigma^{-c} \qquad (1-3)$$

赵阳升等人[74,75] 采用三轴渗透仪和自行研制的煤岩渗透试验台测定了煤的渗透性能，获得了渗透性能随孔压变化呈负幂函数的演化规律，渗透性能随有效体积应力呈现出负指数演化变形规律，在吸附与变形共同影响下存在临界值等一系列规律，作为渗透系数随孔隙压变化表现形式，当 p 大于临界值时，渗透系数随压力增加而增加，当 p 大于临界值时，渗透系数呈现衰减态势，且获得渗透能力随孔压与体积应力演化的方程：

$$K = K_0p^n[b(\Theta - 3\alpha p)] \qquad (1-4)$$

唐巨鹏、潘一山等人[76] 采用模拟的方法针对瓦斯解吸和流动特性进行了探讨研究，发现在瓦斯抽采过程中，渗透性能伴随着有效应力降低而呈现出先降低后升高的特点。同时，鲜学福院士团队[77~84] 针对煤的渗透性影响因素做了大量研究，系统地完成了地电场（直流电）对瓦斯渗流场的作用和影响规律研究，并且修正了线性 Darcy 定律。

1.3.3 采场裂隙演化机制和分布特性

裂隙是瓦斯运移的通道及存储空间，其形成原因以及分布特征的研究主要有以下几个方面。

杨栋等人[85] 认为突水的发生和裂隙发育及其导通性之间有直接联系，其产生的机理是应力重新分布、产生裂隙并导通、水力耦合作用共同引起的。

李树刚等人[86]认为采场裂隙是多重关键层引起主关键层下部发生变形的间断，而亚关键层是连续与非连续变形引起的。

方新秋[87]通过研制可以考虑块体构造、直接顶裂隙、老顶失稳等 6 种因素影响的不同相似模拟模型，研究得出了上覆岩层裂隙扩展的主要形式为拉伸与剪切破坏的耦合结果。

靳钟铭等人[88]通过建立计算支承压力模型，估算出了压裂区的范围大小。

侯忠杰[89]通过公式推导了采场老顶垮落带与裂隙带的演化判别，得出裂隙带的理论判别公式的临界条件是老顶分层厚度大于自由空间高度的 1.5 倍。

刘泽功等人[90]采用相似模拟的方法探讨了采空区顶板裂隙分布特性与力学机制，并对岩层裂隙形成原因与采动影响下的开采煤层上覆岩层冒落移动特征进行了分析。

孙凯民[91]通过利用 RFPA 及相似模拟试验研究了采空区顶板产生裂隙、断裂、冒落和离层的情况及变化规律，并优化了采场覆岩裂隙采空区瓦斯的抽放参数。

张玉军等人[92]通过测量钻孔裂隙的分布特征并建立三维网络描述裂隙的分布规律，对采动覆岩裂隙带的分布进行了探讨。

黄炳香等人[93]探讨了对采场顶板尖灭隐伏逆断层区导水裂隙发育特征，认为断层尖灭点附近的导水裂隙在高度方向上不再发育，完整的岩层阻挡了构造导水裂隙竖向的发育。

曾强等人[94]发现煤燃烧以后在煤田火区范围内出现的裂隙带十分接近采动引起的裂隙，能充当烟气扩散和从外部输送氧气的通道。

刘金海等人[95]探讨了 C 型采场支承压力的分布特性，采用数值模拟指出呈"C"形的垂直应力分布，峰值深植于工作面上、下隅角。

师皓宇等人[96]对采场底板岩体裂隙发育深度的影响因素的敏感性开展了研究，认为在水压驱动下岩层裂纹萌生、扩展、贯通直到最终断裂失稳的过程实际上是底板突水的机理。

张胜等人[97]研究了覆岩裂隙发育规律的影响机理与综放采场支承压力之间的关系。

孟攀等人[98]采用数值计算手段，以祁南矿为工程背景，研究了离顶板 12～44m 的岩层裂隙带。

袁本庆[99]根据不同的开采方式，对底板岩体进行了竖向分带，并对采动裂隙演化规律以及近距离厚煤层采场底板岩体应力分布进行了相关的研究。

冯国瑞[100]运用损伤力学的基础理论构建了复合采动影响下层间岩体损伤参量 D 的计算模型，分别研究了损伤参量 D 与层间岩体抗压强度及破坏范围之间的关系。

李立[101]建立了原生裂隙扩展的力学模型，得出了裂隙的扩展过程及其力学条件。结果表明：煤体原生裂隙经历了剪切滑移—Ⅱ型扩展—弯折扩展—剪切扩展—剪切破坏—反向滑移的过程；同时，在现场对工作面前方不同距离处煤层取样，并对取样切片进行显微照相，切片的裂隙特征反映了支承压力区内的裂隙特征，现场观测和理论研究结果基本一致。

郭良[102]通过 UDEC 数值模拟软件得到了底板不同深度裂隙倾角分布规律，底板深度与裂隙数量的关系，结果表明：煤层开采后底板裂隙数量随底板深度增加而减小，直至不再发育；底板浅部以倾角较小的拉张裂纹或Ⅱ型剪切裂纹为主，深部以倾角较大的压剪扩展裂纹为主。

李海龙[103]采用相似模拟手段，模拟采动动载作用下底板岩层裂隙演化规律，得出：（1）采空区底板岩层首次受顶板岩层垮落冲击作用后，底板岩层采动裂隙会出现滞后破坏加深的现象。在之后的 2~3 次顶板周期性垮落冲击过程中，底板岩层裂隙都有类似规律，但加深效果逐渐减弱；（2）相似模拟试验的底板岩层位移与垂直应力监测结果证明了底板岩层经历了采前应力集中、采后膨胀泄压，采动动载冲击，采空区矸石充填平衡 4 个过程，底板裂隙的萌生、扩展以及再加深主要发生在 1~2 与 2~3 的转变过程之间，第 4 过程对底板裂隙的扩展实际是起到抑制作用的，底板破坏深度最大处一般出现在工作面推过测点后的 1~2 个周期来压至采空区底板被矸石充填压实之间这段距离，这也解释了为什么采空区滞后突水灾害时有发生；（3）软弱底板岩层更易受采动影响，其位移与垂直应力的变化幅度较坚硬底板岩层而言明显偏大，但其底板裂隙发育深度和滞后破坏加深程度比坚硬底板岩层要弱。

1.3.4 瓦斯抽采发展情况及卸压增透研究进展

1.3.4.1 我国瓦斯抽采发展基本情况

20 世纪 30 年代，我国开始实施瓦斯抽采技术，大致经历了 5 个发展阶段：

（1）阶段Ⅰ（高透气性煤层瓦斯抽采）：在 20 世纪 50 年代初期，抚顺矿区通过在井下实施瓦斯抽采钻孔解决了高透气性煤层的瓦斯问题，但是该技术在低透气性煤层实施效果较差。

（2）阶段Ⅱ（邻近层卸压瓦斯抽采）：在开采煤层群矿井中，本煤层开采对邻近煤层具有卸压增透作用，造成邻近层瓦斯涌入开采层工作面，为此，阳泉矿区通过在开采煤层和顶板巷中布置穿层钻孔抽采邻近层瓦斯，取得了较好效果，抽采率达 60%~70%，解决了煤层群中首采工作面瓦斯涌出量大的问题。

（3）阶段Ⅲ（低透气性煤层强化抽采阶段）：由于地质构造和成煤环境影

响，我国许多矿区高瓦斯或突出煤层属于低透气性煤层，通过本煤层抽采方式对低透气性煤层进行瓦斯抽采抽采率低，效果差，科研单位通过联合攻关，研究了煤层注水、水力冲孔、水力压裂、水力割缝、松动爆破、预裂爆破控制、网格式密集布孔等多种强化抽采煤层瓦斯的方法，并取得了一定的效果，但是也存在一些问题。一方面，这些强化抽采技术适应复杂多变的地质能力较差，能够达到抽采效果较好的条件比较受限制；另一方面，一些强化抽采技术设备昂贵、工艺复杂，不仅增加了吨煤成本，而且影响正常生产，因此很多强化抽采技术并没有得到大范围推广。

（4）阶段Ⅳ（综合抽采瓦斯阶段）：进入到 20 世纪 80 年代，随着煤炭机械设备国外引进以及国内自行研发，煤矿机械化水平和开采技术不断提高，开采规模和强度大幅增加，随之也引起了高瓦斯和突出煤层工作面采掘期间瓦斯涌出量急剧增加，采区瓦斯涌出量加大，原有的瓦斯抽采技术和模式难以满足大规模高强度开采要求。因此，为了解决由于高产高效开采模式所带来的瓦斯超限问题，许多矿区开始从采区巷道布置方式、通风系统优化以及抽采技术研发等方面着手，提出瓦斯抽采综合防治技术，即瓦斯采前预抽、边采边抽、邻近层瓦斯抽采以及采空区抽采等多种抽采方式并存的瓦斯抽采综合防治技术，取得了良好的效果。

（5）阶段Ⅴ（瓦斯立体式抽采系统）：立体式瓦斯抽采是一种抽采方法模式的改变，更是一种思维模式的改变，即从"单一平面抽采"到"立体综合式抽采"的转变，立体抽采系统是通过地面钻孔与井下平面钻孔相结合的联合抽采技术，以克服单一平面瓦斯抽采效率不佳、抽采钻孔布置复杂、钻孔施工困难等问题，通过地面和井下钻孔联合实施可以对待开采煤层实施压裂、酸化等强化抽采措施实现瓦斯预抽，并在回采过程中利用地面钻井和裂隙带钻孔对采动卸压瓦斯和采空区瓦斯进行抽采。

1.3.4.2　采动卸压诱发采场增透研究现状

长期以来，许多研究主要集中于煤岩体的本征材料行为方面，后来才逐渐认识到卸压产生的煤岩体力学响应是破坏的主要原因，但就卸压的方法及其定量分析的理论依据始终没有得到解决，目前关于卸压诱发瓦斯增透的研究主要有以下几方面。

林海飞[104]通过数值仿真试验与相似模拟试验展开了大量研究，表明离层的产生发展与覆岩破裂并不同步，瓦斯运移的通道是采动裂隙带，该通道是流场、浓度场以及力场多场耦合的动态体系。

毕业武[105]针对上下被保护层卸压增透机理进行了研究，表明下被保护层产生的裂隙明显要少于上被保护层。

李忠华[106]认为随着瓦斯含量的增加，煤的强度和弹性模量不断降低，通过孔隙压力作为体积力影响游离瓦斯对煤体变形破坏，且同时存在一个临界的瓦斯压力值。

魏磊[107]通过对下保护层开采覆岩破断移动特性分析，得出由于在被保护层中产生大量的层内破断裂隙和层间裂隙，煤层的透气性得到增大。

程详等人[108]以芦岭矿Ⅲ1采区为工程背景，通过不同保护层开采方案对比，选择软岩层作为首采卸压层，运用数值试验方法讨论软岩保护层开采卸压增透机理，在分析覆岩移动破坏特征的基础上，提出卸压瓦斯综合治理方案。研究表明：软岩保护层开采后，上覆被保护层（8号煤）采空区范围卸压率和膨胀变形率分别为0.57%和0.782%，被保护层出现卸压增透效应。

张树川[109]研究了瓦斯赋存与流动理论对保护层的作用机理。

涂敏[110]指出峰前煤岩的气体渗透率与围压呈近似线性关系，在处于稳定状态后的峰后，岩石裂隙扩展过程中围压逐渐加大，气体渗透率呈近似线性的下降趋势，在峰后卸载阶段，岩石裂隙的联通程度和张开度随变形的扩展而不断提高，发育形成了裂隙渗流通道，当渗透能力达到峰值时便进入应变软化状态，在一定程度上裂隙出现闭合的现象，渗透率出现降低情况。

肖应祺[111]指出煤层的透气性随爆炸成倍增加，导致煤体卸压范围进一步扩大。

翟成[112]提出了"底板导气裂隙带"的概念，因导气裂隙带的存在，煤层透气性被提高了近千倍，因此，通过扩散和渗流，气体沿着裂隙运移，其下部卸压所产生的瓦斯将进入上部采掘作业空间。

张宏伟[113]基于常规相似材料模拟平台，应用渗流力学理论，开发出被保护层渗透特性测试系统，并以长平煤矿保护层开采为工程对象进行研究。结果表明：长平矿主采3号煤层作为被保护煤层，处于下保护层8号煤层开采所产生的裂隙带顶部，具备卸压增透的初始条件；伴随着8号煤层工作面的开采，上覆岩层次生裂隙经历了起裂、发育、张开、闭合等过程，3号煤层均经过增压区、卸压膨胀区、恢复区的转变，其膨胀变形量曲线大体呈"M"形分布，最大膨胀变形率约为0.774%，平均膨胀变形率约0.60%，大于0.30%；3号煤层渗透率同样经历动态发展过程，其原始渗透率为$0.034 \times 10^{-14} \mathrm{m}^2$，卸压区内最大渗透率$1.125 \times 10^{-14} \mathrm{m}^2$，为原始状态的33倍，增压区内渗透率有所下降，但仍远大于原始渗透率。

王亮[114]认为在浮力作用下保护层采空区内瓦斯将沿着垮落带裂隙通道上升和扩散，使瓦斯聚集于断裂带内。

王文[115]针对平顶山矿区的丁、戊组煤岩的特有情况，利用煤-气耦合试验系统进行了平面应变固-气耦合试验。

林海飞[116]得到了采动裂隙带中卸压瓦斯运移的数学模型。

刘洪永[117]应用 COMSOL Multiphysics 多物理场耦合软件，在平面应变和通用 PDE 模式的基础上，建立了采动煤岩变形与瓦斯流动气-固耦合数值计算模型。

余陶[118]依据煤体有效应力与渗透率之间的关系，分析了钻孔周围煤体应力分布与渗透性变化的理论关系。

王磊[119]认为影响煤层透气性的关键因素是采动应力，由于扩容阶段的煤体瓦斯压力不稳定，瓦斯渗透易发生突变。

邵太升[120]认为上保护层开采后，对其下伏煤、岩层的压力释放产生一定的影响，主要表现为发生膨胀变形和应力释放。

高明松[121]将沿工作面推进方向按照不同的瓦斯渗流压力将底板分为四区，并对煤层底板岩体破坏规律及裂隙发育特征进行了相关的研究。

李成伟[122]分别从侧压系数及冲击应力波两个方面进行阐述分析，研究了周期来压时煤壁前方裂隙扩展导致透气性发生变化的机理。

黄振华[123]基于保护层开采的卸压流动理论，考虑到煤层孔隙率与低渗透煤层渗透率的动态变化过程，建立了多煤层下保护层开采的固-气动态耦合模型。

刘洪永[124]研究了瓦斯压力对渗透率以及采动煤岩体卸压变形的影响。

杨党委[125]针对平煤股份十矿大埋深弱透气性煤层下保护层开采工程，采用岩石破裂损伤理论和有限元计算方法，研究了被保护层变形规律、应力演化过程、卸压保护范围及瓦斯抽采效果。结果表明，随着保护层工作面的推进，其上覆煤岩体同时发生拉伸应力和剪应力破坏，被保护层大量的裂隙扩展发育，孔隙率大幅提高；随着保护层的开采，被保护层呈现出压缩和膨胀的变化规律，位于保护层采空区中部上方的被保护层变形最大，变形膨胀率最大，因此有利于煤层的卸压增透和瓦斯的抽放；岩石下保护层开采后对被保护煤层沿倾斜方向预计保护范围卸压角为 78°。

刘东[126]讨论了水力冲压卸压增透机制，详细阐述了水力冲压卸压增透技术的工程实施模式，并将该技术应用于贵州新田煤矿煤巷条带瓦斯治理工作中。

何福胜[127]针对高瓦斯低透气性煤层抽采率低下、钻孔工程量大及抽采周期长的难题，提出水力压裂卸压增透技术，并借助 RFPA2D-Flow 软件模拟分析了压裂时压裂孔附近煤体从发生破裂、裂隙裂纹的生成演化、扩展延伸到最终贯通的完整过程，得到钻孔附近煤体的裂隙裂纹演化规律。

1.3.5　采动卸压瓦斯运移规律

在煤层开采过程中，因采动卸压作用，处于卸压范围内的覆岩不同程度地发生变形、破裂，甚至断裂，煤岩渗透性大大提高，这是煤矿瓦斯抽采的重点区域。

20 世纪 60 年代开始，我国学者逐渐意识到瓦斯流动理论研究对瓦斯抽采技术的重大意义。1965 年，周世宁院士[128]从渗流力学角度出发，将多孔介质的煤层视为一种大尺度上均匀分布的虚拟连续介质，在我国首次提出了基于达西定律的线性瓦斯流动理论，对我国瓦斯流动理论的研究具有极为深刻的影响。鲜学福院士、余楚新[129]在假设煤体瓦斯吸附与解吸过程完全可逆的条件下，建立了煤层瓦斯流动理论以及渗流控制方程。章梦涛等人[130]所著的《煤岩流体力学》对瓦斯在采空区的动力弥散方程进行了推导，介绍了流体动力弥散方程在一些特殊情况下的解析解，并给出了一些具体实例以说明其用处。

赵鹏翔[131]以采动裂隙椭抛带理论为基础，工作面推进速度为关键参数，构建采动卸压瓦斯优势通道数学模型，并针对山西和顺某高瓦斯矿井主采工作面，开展综采工作面在不同推进速度条件下的卸压瓦斯覆岩裂隙优势通道演化规律物理相似模拟试验。研究结果表明：加快推进速度，三带高度降低，平均来压步距增大，优势通道在上覆岩层的空间位置也随之降低，优势通道发育的高度、宽度、垮落角和范围随着推进速度加快而减小。

蒋曙光、张人伟[132]将瓦斯、空气混合气体在采空区中的流动视为在多孔介质中的渗流，应用多孔介质流体动力学理论建立了综放采场三维渗场的数学模型，并采用上浮加权多单元均衡法对气体流动模型进行了数值解算。

丁广骧、柏发松[133]考虑因瓦斯-空气混合气体密度的不均匀及重力作用下的上浮因素，建立了三维采空区内变密度混合气非线性渗流及扩散运动的基本方程组，并应用 Galerkin 有限元法和上浮加权技术对该方程组的相容耦合方程组进行了求解。随后，丁广骧[134]所著的《矿井大气与瓦斯三维流动》以理论流体力学、传质学、多孔介质流体动力学等基本理论，结合矿井大气、瓦斯流动的特殊性，较详细地介绍了矿井大气以及采空区瓦斯的流动。

李宗翔、孙广义等人[135]将采空区冒落区看作是非均质变渗透系数的耦合流场，用 Kozery 理论描述了采空区渗透性系数与岩石冒落碎胀系数的关系，用有限元数值模拟方法求解了采空区风流移动，结合图形技术和具体算例，求解了综放工作面采空区三维流场瓦斯涌出扩散方程[136]。

钱鸣高院士、许家林等人[137,138]基于关键层理论，提出煤层采动后上覆岩层采动裂隙呈"O"形圈分布特征，将其用于指导淮北桃园矿、芦岭矿卸压瓦斯抽放钻孔布置，并研究了关键层破断对邻近煤层瓦斯涌出的影响。

袁亮[139,140]基于煤层采动后上覆岩层所形成的"O"形圈分布特征，探讨了采空区顶板瓦斯抽放巷道的布置原则，分析了实施顶板抽放瓦斯技术前后采空区等处瓦斯流场的分布特征，并在淮南矿区实践了留巷钻孔法等煤与瓦斯共采技术。

林柏泉等人[141]通过单元法实验，初步研究了开采过程中卸压瓦斯储集与采场围岩裂隙的动态演化过程之间的关系，分析了采空区瓦斯在裂隙中的运移规律。

李树刚[142,143]基于采动裂隙椭抛带的认识，运用环境流体力学和气体输运原理，对瓦斯在裂隙带升浮的控制微分方程组计算，得出瓦斯沿流程上升与源点之间的距离关系，进而阐述了卸压瓦斯在椭抛带中的升浮、扩散运移理论，并提出采动裂隙椭抛带抽采卸压瓦斯的方法。

赵阳升等人[144]建立了块裂介质岩体变形与气体渗流的非线性耦数学模型，把岩体固体看成由含孔隙与裂隙的双重介质的基质岩块和岩体裂缝所组成，基质岩块简化为拟连续介质模型，裂缝简化为裂缝介质模型，模拟结果说明了裂缝在瓦斯抽放过程中具有重要作用。

C. Ö. Karacan 等人[145,146]基于动态演化三维裂隙带模型，通过数值模拟分析了地面钻孔的布置参数。

吴仁伦[147]基于关键层理论，采用相似模拟、数值模拟和理论分析的方法，研究了煤层采高对采动覆岩瓦斯卸压运移"三带"范围的影响规律。结果表明：覆岩中关键层的位置及其在不同采高条件下的移动、破坏形态是煤层采高对瓦斯卸压运移"三带"范围影响的主要原因。

洛锋等人[148]采用数值模拟方法获得了采动过程中上覆岩层垂直应力的空间分布情况；划分了采动应力集中壳及卸压体，并采用自行编制的 FISH 语言，获得了采空区围岩应力集中壳的三维空间形态特征、采空区围岩应力卸压体及压实应力恢复体的形态特征及演化过程；结合不同工作面开采条件，获得了三维应力卸压体变形过程及其相互影响的机理；通过三维模型重构，将卸压体形态导入COMSOL Mul-tiphysics 数值模拟软件，针对 3 种不同通风形式，获得了采空区上方三维应力卸压体内瓦斯运移及富集规律。

杨东[149]采用 FLAC3D 对开采覆岩卸压特征进行分析，采用 COMSOL 对开采被保护层瓦斯运移规律进行研究，并进行了现场实测验证。研究结果表明，保护层开采后，覆岩应力呈分区式分布，随着距煤层距离的增加，应力集中系数和卸压程度逐渐减少，透气性系数增加了 500 多倍，被保护层产生的次生裂隙对于瓦斯解析具有促进作用，大大提高了煤体透气性。

1.3.6   地面钻井产气规律变化特性

地面钻井抽采采空区以及上覆岩层被保护层卸压的瓦斯可实现大流量、高浓度抽采，在我国得到了广泛的应用[150]。影响钻井产气量的因素有很多，如被保护层透气性系数、原始瓦斯压力、井身结构、抽采负压、布井位置和工作面回采工艺等。在上述因素对钻井产气量的影响规律及产气规律方面，国内外学者开展了广泛的研究。

Karacan[151]采用人工神经网络的方法，基于钻井井身结构、工作面回采工艺及参数、布井位置和抽采负压几个变量，预测了钻井的总产气量；Palchik[152]应用高斯分布及其误差理论研究了钻井产气周期内产气率的变化，并建立了可预测钻井总产气量、抽采总时间及最大产气率时刻的数学模型；胡千庭、梁运培等人[153]根据淮南矿区张北煤矿地面钻井抽采瓦斯的工业性试验，初步研究了地面钻井抽采采空区瓦斯的规律和效果。

Karacan 等人利用 GEM 软件建立了煤层的 3D 模型，研究了钻井直径、筛管长度及终井深度对钻井产气量的影响特性，随着钻井直径、筛管段长度的增大，总产气量增加，瓦斯浓度降低；随着筛管段与开采煤层顶板之间距离的增大，总产气量增加，瓦斯浓度提高；此外，Karacan 和 Luxbacher[154]基于蒙特-卡洛模拟法随机生成了影响钻井产气量的参数（生产套管直径、抽采负压和上覆煤层瓦斯含量等）的概率密度函数，以此作为输入参数研究了钻井产气量和瓦斯浓度的概率分布及合理范围；Ren 和 Edwards[155]通过数值模拟的方法研究了钻井产气量的影响因素，结果表明若和煤层的裂隙圈相沟通，钻井产气率将大幅度提高；Diamond 等人[156]根据美国地面钻井抽采瓦斯的工程实践研究了地质条件对钻井产气量的影响，结果表明，钻井附近的地质条件对钻井总产气量影响较大，地质和水文等条件越简单，瓦斯抽采效果越显著。

黄华洲等人[157]通过相似材料试验，研究了影响瓦斯抽采效果的关键因素，同时根据钻井在淮南矿区的应用结果，研究了钻井的优化布井方案：与布置在工作面倾向中部的钻井相比，风巷侧钻井的产气量较大。

高强[158]采用理论分析、UDEC 数值模拟以及 COMSOL 数值模拟相结合的方法，研究了不同尺寸废弃采空区的空间分布特征，并据此对废弃采空区进行了分类，进而对不同井位地面钻井抽采条件下采空区的煤层气渗流特性，基于此对地面钻井井位进行了优化，提高了钻井抽气量。

上述研究中，采用数值计算、非线性算法、模型试验及现场试验对钻井产气量或产气率进行了系统的研究，取得了较大的进展。但是，钻井产气量受地层条件、瓦斯储藏、抽采方式（煤层预抽、卸压抽采）等参数影响较大，需要针对不同的研究对象研究影响产气量的关键参数。在钻井井身结构相同、地质条件类似的条件下，工作面与钻井间距对产气率的影响程度较大，研究者对二者之间的变化关系开展了一些研究。Moore 等人[159]统计分析了钻井产气率和瓦斯浓度的变化特性，工作面推过地面钻井后，钻井开始抽采瓦斯，抽采初期产气率和浓度均为最大值，此后二者逐步降低。Diamond[160]根据对钻井产气率和浓度曲线的分析，指出在工作面推过地面钻井的短时间内，产气率就达到峰值，高流量抽采可维持数周乃至数月，然而，在抽采过程中，没有有效的措施可以控制瓦斯浓度。陈金华[161]根据淮南矿区地面钻井抽采卸压瓦斯的工程经验，得出了产气率随工作面回采距离的变化曲线，但是变化曲线并不是以理论分析为基础的。许家林[162]根据淮北矿区桃园煤矿 94-W1 钻井的实测数据，求出了工作面推过钻井 50m 后（产气率开始下降）产气率与工作面推过钻井距离的拟合回归方程。

由于我国含煤地层一般都经历了成煤后的强烈构造运动，煤层内生裂隙系统遭到破坏，塑变性大大增强，因而成为低透气性的高可塑性结构，因此我国的煤层透气性普遍较低[163]，一般在 $(0.1 \sim 0.001) \times 10^{-3} \mu m^2$ 范围内，渗透率最大的抚顺煤田也仅为 $(0.54 \sim 3.8) \times 10^{-3} \mu m^2$，水城、丰城、霍岗、开滦、柳林等渗透率较好的矿区也仅为 $(0.1 \sim 1.8) \times 10^{-3} \mu m^2$，远远不如美国圣胡安和勇士盆地。我国煤层的低渗透率特点，造成地面钻井完井后预抽瓦斯效果差，水力压裂增产效果不明显，极大限制了我国采用地面钻井预抽瓦斯。我国晋城矿区地质构造简单，煤层节理、裂隙发育、透气性高，同时采用水力压裂技术进行煤层增透处理，地面钻井预抽瓦斯取得了显著的效果。

为了使地面钻井抽采瓦斯技术在我国煤层地质条件复杂、透气性小的条件下进行应用，我国开滦、铁法、淮北、平顶山和淮南等矿区进行了采动卸压条件下地面钻井抽采瓦斯的实验，如地面钻井抽采采空区瓦斯、保护层采动卸压瓦斯，取得了一定的瓦斯抽采效果。特别是淮南矿区在煤层复杂特困条件下结合保护层开采开展的地面钻井抽采瓦斯试验，取得了一些成果，如淮南矿业集团公司申请了发明专利"地面钻井抽采采动区、采空区卸压瓦斯方法"并获得了授权，总结了地面钻井抽采瓦斯的不同方式，研究了地面钻井的布孔规律，为地面钻井抽采瓦斯技术的发展探索出了方向。

综上，我国很多矿区针对地质条件复杂、透气性小的条件开展了地面钻井抽采采动卸压瓦斯的工程试验研究，取得了一些研究成果，但没有对地面钻井瓦斯抽采技术在理论上进行系统研究，还存在以下问题：

（1）在低渗高突特厚煤层高强度开采条件下，采动裂隙场的分布、演化是否与传统的研究成果相一致尚不得知，有待进一步研究。

（2）在研究采动裂隙场的瓦斯运移规律时，裂隙场的形态提取比较随意，缺乏真实的理论根据，多为人为给定。

（3）对于地面钻井产气规律的研究，缺乏对数据的深层次、分区段的分析，大部分没有考虑煤岩体及瓦斯抽采半径的影响。

（4）没有研究地面钻井井身破坏的机理及影响因素，造成地面钻井井身结构稳定性差，部分地面钻井被岩层剪切破坏，严重影响了瓦斯抽采效果。

（5）缺乏对地面钻井抽采瓦斯实测数据的系统统计和分析研究，无法对地面钻井瓦斯抽采预测、抽采系统设计及布井提供理论依据。

（6）没有研究地面钻井瓦斯抽采流量衰减后增产措施。

2 # 低渗高瓦斯煤层瓦斯赋存规律

2.1 井田地质特征及煤层瓦斯赋存

2.1.1 煤层赋存情况

魏家地井田属靖远矿区宝积山煤田的一部分，井田内中生代地层发育，有白垩系和侏罗系地层，其中，侏罗系分上和中下侏罗统，主要出露于宝积山向斜北翼和 F_{1-2} 断层组的西南盘，中下侏罗统是含煤系，其煤系的基底为上三叠统地层。井田为从西至东由宝积山向斜（为矿区的基本构造褶曲）及其次生的 1 号背斜、2 号向斜、3 号背斜及 4 号向斜组成的较宽缓的褶皱构造。井田的南侧受 F_{1-2} 断层组的影响，使得西南翼煤层破坏较为严重，造成西南翼浅部较为复杂的构造带，被破坏的煤层特征为粉末状、糜棱状及鳞片状，还可见到微型褶皱和断裂。井田中部主要受 F_3 和 F_{48} 断层的影响，其中 F_3 断层为由北东向西南推覆的压扭性断层，断距可达 $28\sim65m$；F_{48} 断层在 F_3 以南，大致与 F_3 平行，该断层是由南西向北东推覆的高角度并与 F_3 对冲的断裂，断距小于 40m。北部井田北侧受深部 F_{46} 断层的影响，该断层为全隐蔽式高角度逆冲断层，由于在形成过程中，经受过强大压扭应力的作用，其断层破碎带达 100m 以上。除此之外，还受到其他一些断层褶曲的影响。

井田含煤地层为中下侏罗系，含有五层煤，由上至下为末一煤层、一煤层、二煤层、末二煤层及三煤层。可采煤层为一煤层、二煤层、三煤层，主采煤层为一、三煤层。主要含煤地层平均总厚度为 88.28m，含煤系数为 27.5。可采煤层都集中在中下侏罗统内，煤层总厚度为 22.5m。

未一煤层位于上侏罗统下部，最大厚度为 1.05m，最小厚度为 0.54m，平均厚度为 0.78m；一煤层位于中下侏罗统顶部；二煤层位于一煤层之下，一、二煤层位置较接近；未二煤层位于中下侏罗统中部，在二与三煤层之间，最大厚度为 6.56m（含夹矸），最小厚度为 0.38m，平均厚度为 2.01m，极不稳定，有时靠近二层，有时靠近三层，且多数情况下不出现；三煤层位于中下侏罗统底部，仅靠在底砾岩之上。

一煤层位于中下侏罗统上部，距未一煤层约 130m，较稳定，全区分布，厚度一般为 $0.23\sim37.78m$，局部达 49.08m，平均 13.08m，距未一煤层间距为

43.7~107.4m，平均 64.1m，煤层倾角为 3°~23°，局部地点为 25°~30°，局部可采；煤层结构简单至复杂，夹矸 1~23 层，厚度为 0.03~7.98m，一般为 0.2~1.5m。夹矸多为灰黑色泥岩、粉砂岩及炭质泥岩，局部为粗粒砂岩，煤层顶板岩层可分为两类：（1）粉砂岩、砂质泥岩，多分布在中深部及东部，厚 2~5m，稳固性差；（2）粗粒碎屑岩，以粗粒砂岩为主，胶结程度较好，厚度多在 10m 左右，接近 F_{1-2} 号断层组破碎带，稳固性最差。煤层底板大致分为两类：一类为泥岩、粉砂岩；另一类为粗砂岩，比较坚硬，泥岩易出现底鼓。

二煤层不稳定，分布在井田中部，零乱，不规则，面积小，厚度不稳定为 0.23~14.37m，平均厚度为 3.84m，倾角为 0°~30°；煤层结构有时非常复杂，夹矸 1~8 层，厚度为 1.5~5.55m，一般为 0.2~0.7m。夹矸不稳定，岩性一般为砂质泥岩、炭质泥岩及粉砂岩。直接顶多为粗粒砂岩、砂砾岩，稳固性较好。深部多为粉砂岩、砂质泥岩，易冒落，顶板全为粉砂岩、砂质泥岩，易发生底鼓。

未二煤层位于二煤层和三煤层之间，厚度为 6.56m（含夹矸），最小厚度为 0.38m，平均厚度为 2.01m。

三煤层位于中下侏罗统下部，距一煤层最大距离为 64.63m，最小距离为 20.07m，平均距离为 35m。煤层厚度变化较稳定，厚度为 0.29~15.03m，平均厚度为 5.58m，倾角为 0°~31°，较稳定；煤层结构简单至复杂，夹矸 1~8 层，厚度为 0.05~3.00m，一般 0.2~1.00m。夹矸不稳定，岩性一般为砂质泥岩、炭质泥岩。顶板岩石以中粗粒砂岩为主，不易冒落，直接底板为炭质泥岩或细砂岩。

未三煤层厚 1.2m，单一结构，极不稳定。

断层煤位于 F_{1-2} 断层带内，分布极不规律，厚度亦极不稳定，最小厚度为 0.33m，最大厚度为 45.34m，平均厚度为 5.7m。

对一煤层和三煤层主要采用标志层、煤层特定位置和煤层本身特征对比法进行对比，对二煤层主要采用相旋回和其特定层位对比法进行对比，对比结果可靠。井田煤层赋存特征见表 2-1。

表 2-1　井田煤层赋存特征

层别	F_{1-2}断层	未一煤层	一煤层	二煤层	未二煤层	三煤层	未三煤层
厚度/m	0.33~4.34	0.54~1.05	0.23~37.78	0.28~14.37	0.38~6.56	0.29~15.03	
		0.78	13.08	3.84	2.01	5.58	

层别	F$_{1-2}$断层	未一煤层	一煤层	二煤层	未二煤层	三煤层	未三煤层
稳定程度	极不	不	稳	不	不	较	极不
层间距 /m			107.4~ 43.7	40.15~ 2.0	12.5~ 6.5	20.8~ 3.7	
			64.1	13.2	10.9	13.2	

2.1.2 井田煤层瓦斯概况

1989 年 12 月 14 日，中国统配煤矿总公司以（1989）中煤基字 678 号文批准魏家地煤矿为煤与瓦斯突出矿井，矿井一、三煤层定为突出煤层。矿井投产以后每年的瓦斯等级鉴定均定性为煤与瓦斯突出矿井，煤尘具有爆炸性，爆炸指数为 29.25%，煤层有自燃发火倾向，自燃发火期为 4~6 个月。

甘肃省煤田地质局一三三队 1987 年提交的《魏家地井田精查补充地质报告》描述的一煤层 CH$_4$ 含量为 0.13~10.22m^3/t(燃)，平均 3.04m^3/t(燃)；且 CH$_4$ 分布有以下三个规律：

（1）X 线以东至全井田范围，在 F$_3$ 断层以南由浅至深，CH$_4$ 含量由小到大，为 0.91~10.22m^3/t(燃)；F$_3$ 断层以北由浅至深，CH$_4$ 含量同样由小到大，为 0.13~4.02m^3/t(燃)。

（2）X 线以西 CH$_4$ 含量最小为 0.46m^3/t(燃)，最大为 7.67m^3/t(燃)，一般为 3~4m^3/t(燃)。

（3）X 线以西南部、1 号、3 号背斜，2 号向斜及 F$_3$ 断层下盘 100~150m 的区域有 CH$_4$ 偏高带。

三煤层 CH$_4$ 含量为 0.12~4.79m^3/t(燃)，平均为 2.31m^3/t(燃)；CH$_4$ 分布的规律为 F$_3$ 断层以南 CH$_4$ 偏高，以北 CH$_4$ 偏低，由浅至深 CH$_4$ 含量有由小到大之势。二号向斜轴部及靠近 F$_3$ 断层上下盘 100~150m 的区域有 CH$_4$ 偏高带。

二煤层 CH$_4$ 含量为 1.61~4.04m^3/t(燃)，平均为 2.53m^3/t(燃)。

矿井一、二、三煤层钻孔瓦斯测试表明一煤层瓦斯含量最大为 0.31~10.39m^3/t(燃)，平均为 3.57m^3/t(燃)。三煤层瓦斯含量最大为 0.44~5.36m^3/t(燃)，平均为 3.32m^3/t(燃)。二煤层瓦斯含量最大为 2.01~4.26m^3/t(燃)。

2.1.3 矿井生产期间瓦斯情况

矿井投产时的首采区为西一采区，目前西一采区仍在生产。西一采区一煤层基本回采结束，三煤层已有 4 个工作面回采结束。西二采区于 1997 年开始施工开拓工程，2006 年 5 月施工煤巷工程，2009 年 2 月首采工作面一煤层 2102 开始回采，三煤层 2301 工作面已形成全负压通风系统，工作面未回采。东一采区 102 工作面煤巷工程 2005 年开始施工，经过多年瓦斯抽采，于 2013 年回采结束封闭。

煤炭科学研究总院重庆分院于 1996 年 12 月提交的《靖远矿务局魏家地煤矿西一采区煤与瓦斯突出危险性的评价》报告中计算矿井西一采区一煤层的原始瓦斯含量为 $9.22 \sim 10.17 m^3/t$，平均为 $9.7 m^3/t$（三煤层原始瓦斯含量参照一煤层瓦斯数据）。魏家地矿井地勘时期西一采区一煤层钻孔瓦斯含量为 $1.74 \sim 10.39 m^3/t$（燃），平均为 $4.6 m^3/t$（燃），三煤层（只有 217 钻孔靠近西一采区）瓦斯含量为 $4.4 m^3/t$（燃）。煤炭科学研究总院重庆分院井下实际取样测算的一煤层原始瓦斯含量与钻孔可燃质瓦斯含量相比为 2.1∶1；参照一煤层的瓦斯情况，三煤层原始瓦斯含量与钻孔可燃质瓦斯含量相比为 2.2∶1。

钻孔可燃质瓦斯含量小的原因可能是：（1）取样过程当中有提芯速度、泥浆压力、取芯煤样的破碎类型等因素的影响；（2）钻孔提取的煤质样与实际开采的煤质样的差别影响。

鉴于以上两种原因，根据西一采区开采期间瓦斯涌出状况，实际测算的煤层原始瓦斯含量与开采期间瓦斯涌出状况比较吻合。因此，按照实际测算的煤层原始瓦斯含量与钻孔可燃质瓦斯含量的比值预测，矿井一煤层原始瓦斯含量为 $0.65 \sim 21.82 m^3/t$，平均为 $7.5 m^3/t$；三煤层原始瓦斯含量为 $0.97 \sim 11.8 m^3/t$，平均为 $7.31 m^3/t$。矿井投产以来绝对瓦斯涌出量为 $12 \sim 55 m^3/min$，矿井历年瓦斯抽排量汇总见表 2-2。

表 2-2　矿井历年瓦斯抽排量汇总

年份	绝对涌出量/$m^3 \cdot min^{-1}$			抽排量/$\times 10^4 m^3$			相对涌出量/$m^3 \cdot t^{-1}$	备注
	风排	抽采	总量	风排	抽采	总量		
1987	12.3		12.3	646.49		646.49		
1988	20.1		20.1	1056.46		1056.46		

年份	绝对涌出量/m³·min⁻¹			抽排量/×10⁴m³			相对涌出量/m³·t⁻¹	备注
	风排	抽采	总量	风排	抽采	总量		
1989	35.58		35.58	1870.08		1870.08		
1990	26.08	6	32.08	1370.76	181.44	1552.20	164.05	突出一次
1991	39.26	5.2	44.46	2063.51	273.31	2336.82	127.61	突出一次
1992	36.3	2.53	38.83	1907.93	132.98	2040.90	76.09	突出三次
1993	38.4	6.636	45.036	2018.30	348.79	2367.09	83.89	未发生突出
1994	39.63	7.1	46.73	2082.95	373.18	2456.13	59.28	未发生突出
1995	23.5	7.12	31.23	1235.16	374.23	1609.39	45.82	未发生突出
1996	25.03	5.34	30.37	1315.58	280.67	1596.25	34.26	未发生突出
1997	20.38	5.38	25.76	1071.17	282.77	1353.95	12.77	未发生突出
1998	17.49	7	24.49	919.27	367.92	1287.19	15.41	未发生突出
1999	17.79	7.2	26.99	935.04	378.43	1313.47	14.42	未发生突出

年份	绝对涌出量/m³·min⁻¹			抽排量/×10⁴m³			相对涌出量/m³·t⁻¹	备注
	风排	抽采	总量	风排	抽采	总量		
2000	17.43	6.5	23.93	916.12	341.64	1257.76	12.57	未发生突出
2001	14.12	7.95	22.07	742.15	417.85	1160.00	10.34	未发生突出
2002	21.5	8.8	30.3	1130.04	462.53	1592.57	13.96	未发生突出
2003	11.74	9.18	20.92	617.05	482.50	1099.56	15.55	未发生突出
2004	23.03	12.21	35.24	1210.46	641.76	1852.21	10.35	未发生突出
2005	20.52	21.8	42.32	1078.53	1145.81	2224.34	13.15	未发生突出
2006	32.22	22.94	55.16	1693.48	1205.73	2899.21	18.87	未发生突出
2007	24.43	21.78	46.21	1284.04	1144.76	2428.8	13.99	未发生突出
2008	14.63	22.81	37.44	768.95	1198.89	1967.85	29.02	未发生突出

注：1. 依据历年矿井瓦斯等级鉴定资料统计，截至 2008 年 9 月底抽排量。

　　2. 矿井抽排率：$d_k = 100q_{kc}/(q_{kc}+q_{kf}) = 100\times22.81/(22.81+14.63) = 60.92\%$。

2.2 煤岩特征

2.2.1 煤层化学物理性质

一煤层，低灰、低硫、低磷、高发热量；二煤层，中灰、低硫、低~高磷、高发热量；三煤层，中灰、低硫、低磷、高发热量。

一煤层物理性质：黑色，条痕为深棕色，内生裂隙不发育，具参差状断口，丝炭、暗煤较多，光泽较暗淡，细条带或线理状结构，多为层状构造。以半暗煤为主，夹亮煤条带。

煤岩组分。有机显微组分：丝质组（S）占绝对优势为 52.5%~75.1%，平均达 64.3%，次为镜质组（J）占 26.2%，半镜质组（BJ）占 8.0%，稳定组（W）含量很少，仅占 2.2%，有机显微组分+矿物杂质，仍然是丝质组占绝对优势，达 60.4%。矿物杂质占 5.6%，其中黏土组（KN）占 1.5%，硫化物组（KL）占 0.7%，碳酸岩组（KT）占 2.5%，氧化物组（KY）占 1.6%。

二煤层物理性质及煤岩组分基本和一煤层一样。

三煤层物理性质：黑色，条痕为深棕色，内生裂隙不发育，参差不平坦断口，层状构造，间夹镜煤线理及条带。主要有暗煤及丝炭组成，光泽暗淡。

煤岩组分。有机显微组分：丝质组（S）同样占绝对优势为 31.0%~85.3%，平均 66.4%，镜质组（J）+半镜质组（BJ）占 20.9%，光泽暗淡，矿物总含量占 20.8%。

2.2.2 可采煤层的工艺性能

可采煤层的工艺性能包括：

（1）机械强度：一、二、三煤层均属高强度煤。

（2）热稳定性：一煤层为热稳定性好的煤，二、三煤层未取样测定。

（3）结渣性：一、三煤层均属结渣性似弱~中等煤，可能属难结渣，二煤层未取样测定。

（4）煤对 CO_2 反应性：一煤层为对 CO_2 的反应性差的煤，二、三煤层未取样测定。

（5）可磨性：一煤层较难破碎，三煤层易破碎。

（6）煤灰黏度：煤低温干馏的焦油产率：（T_{ar}）5.9%~6.9%，平均 6.4% 为含油煤。

2.2.3 煤类变化及空间分布特征

一、二、三煤层的种类在横向上变化较大，往往不黏煤和弱黏煤交替出现，但黏结性由东向西有所增强。纵向上变化较小，一般由不黏煤逐渐过渡为弱黏煤。

2.2.4 煤的工业分析及用途

煤的工业分析是工业上经常使用的分析方法，工业分析的项目包括煤的水分（M）、灰分（A）、挥发分（V）及固定碳（F_C），煤的工业分析为判断煤的种类及工业用途以及煤的加工利用效果提供科学依据。在进行煤的工业分析时，一般采用空气干燥基煤样为基准的水分（M_{ad}），干燥煤样为基准的（A_d），干燥无灰基煤样为基准的挥发分（V_{daf}）。

一、二、三煤层为优质动力用煤，一、三煤层也可作气化用煤。由于井田煤层埋藏较深，可采煤层无风、氧化带。一煤层容重为 1.39t/m³；二煤层为1.47t/m³；三煤层为 1.45t/m³。

2.2.5 矿井煤岩特征

矿井无岩浆岩侵入，水文地质条件简单，有三个富水性极弱的含水层，各含水层之间有良好的隔水层，无水力联系。含水层的渗透系数为 0.0169m/d。矿井充水因素为含水层静贮水、采空区未脱干的灌浆积水，地表水沿裂隙有可能溃入井下。矿井正常涌水量为150m³/h，矿井最大涌水量为277m³/h。随着矿井开采规模和范围的不断扩大，矿井正常涌水将有逐渐增大的趋势。一煤层镜煤平均最大反射率为 0.741%~0.829%，三煤层镜煤平均最大反射率为 0.774%~0.878%，一、三煤层属烟煤第二变质阶段，为低变质烟煤。一、三煤层属中等透气性勉强可抽放的类型，可抽性尚好，在原始煤层中抽放瓦斯为中等难易程度，这已被现在所取得的较好抽放结果所证实，由于煤层透气性尚好，巷道掘进后有利于周边煤层瓦斯的排放，煤层透气性系数见表2-3。

表 2-3　煤层透气性系数

煤层透气性系数 $(\lambda)/m^2 \cdot (MPa^2 \cdot d)^{-1}$	百米钻孔瓦斯涌出量 $(q_{100})/m^3 \cdot min^{-1}$	百米钻孔瓦斯流量衰减系数 $(a)/d^{-1}$
0.213~0.7	0.152~0.278	0.032~0.053

2.3　地质构造规律及控制特征

2.3.1　区域地质构造演化及分布特征

在区域地质构造上，靖远煤田位于古河西系、东西向构造带、祁吕系、陇西系和河西系等五个构造体系的复合部位。对煤田的控制与改造起作用的是区域性东西向构造带、祁吕系、陇西系三个体系，陇西系控制区域侏罗纪含煤建造。地层层序由老至新为中生界、新生界。地质时代从下往上为三叠系，厚度、岩性不详；侏罗系，厚度为 316.22~518.04m，岩性为灰白色含砾粗砂岩、中粗砂岩、细粉砂岩、煤层；白垩系，厚度为 60~200m，岩性为紫红色砂质泥岩、灰白色砂岩；第四系，厚度为 10~20m，岩性为黄土，主要矿产为煤炭。

2.3.2　井田地质构造及分布特征

魏家地井田位于陇西系外旋褶带第三带中段松山-黄家洼山隆褶带南侧的宝积山-红会坳褶带的中段。

井田为从西向东由 1 号背斜、2 号向斜、3 号背斜及 4 号向斜组成较宽缓的褶皱（或不完整的复式向斜）构造。构造线方向为 N60°~70°W 转近 E~W，与其井田边缘构造线大湾断层和 F_{46} 断层线呈 35°~10° 交角。平面上呈"S"形，并且 1 号背斜、2 号向斜、3 号背斜及 4 号向斜组成了以 F_{46} 断层为主干的"人"字形构造。

井田为从西向东由腰水短轴背斜、花尖子短轴向斜、1 号背斜、2 号向斜、3 号背斜及 4 号向斜组成的较宽缓的褶皱（或不完整的复式向斜）构造，构造线 60°~70° 西转进东~西，与其井田边远构造线大湾断层和 F_{46} 断层呈 10°~35° 交角，平面上呈"S"形，并且 1 号背斜、2 号向斜、3 号背斜及 4 号向斜组成了以 F_{46} 断层为主干的"人"字形构造，是由于受其上述两边断层以顺时针方向挤压扭动的结果。从剖面看，整个井田是由大湾断层的 NE 盘（上盘）上升、WS 盘（下盘）下降，而 F_{46} 断层 WS 盘（上盘）上升、NE 盘（下盘）下降所造成的楔形上升的条形带状地质体，魏家地井田构造剖面示意图如图 2-1 所示。

井田内的断层有大湾断层、F_{1-2} 断层组、F_3、F_{46}、F_{48}、F_{49}、F_{50} 7 条断层。

大湾断层位于本井田外，为区域压扭性大断层，走向 N50°W，NE 盘（魏家地井田）上升，SW 盘下降，落差大于 1000m，该断层对本井田起了抬高的作用，致使煤层赋存变浅。

F_{1-2} 断层组是井田南部边缘的外来推覆体，由 F_1、F_2 和在其中间的诸多断层组成，保持与井田走向一致的方向贯穿了整个井田，它以舒缓的角度垂直井田走向方向推覆到井田中深部 500~2000m 的距离（水平断距），几乎掩盖了大半个井

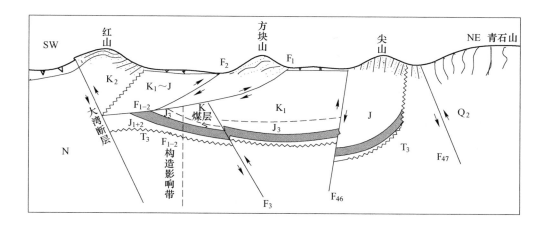

图 2-1 魏家地井田构造剖面示意图

田，与井田主体构造无关，为一浮表构造。但它对下盘煤层破坏很严重，造成了井田南翼成为复杂的 F_{1-2} 断层组构造影响带。

F_3 断层：位于井田中部 1 号背斜和 2 号向斜西段之间，为一被 F_{1-2} 断层组覆盖的隐蔽逆断层，西起于 X 线以东，以 55° 西向斜切 1 号背斜，在 XV 线与加 XV 线间消失，全长 4100m。

F_{46} 断层：位于井田北东边部，为整个井田的北东边界。东由 XIX 线 179 号孔处进入本井田，以 N50°W 向伸向 NW，在加 XIII⁻² 线与 XIV 线间略转为 N55°W 一直穿过全井田。断层面倾向 SW，倾角为 70°~75°。其为 SW 盘（本井田）上升，NE 盘下降的压扭性逆断层。

F_{48} 断层：位于 F_3 断层以南与 F_3 断层大致平行，是一由 SW 向 NE 推覆的并与 F_3 断层对冲的逆断层。断面倾角为 60°~70°，断距小于 40m，由于两断层从其两侧对冲上升，致使中间煤层呈一倒楔形带状下降。

F_{49} 断层：位于井田南西翼浅部，呈 N60°E 向斜跨 XV 线，长 700m，为压扭性逆断层，断距在 195 号孔是 40m，有向浅部变大而向深部变小的趋势。

F_{50} 断层：位于 F_{49} 断层之西的推断断层，为一由 NE 向 SW 推覆的压扭性逆断层。断面倾向 NE，倾角为 55°~65°，断距小于 F_{49}，性质与 F_{49} 相同，长约 150m。

井田内主要褶皱有 1 号背斜、2 号向斜和 3 号背斜、4 号向斜。

1 号背斜：位于 F_3 断层之北，西起于 VIII 线 107 号孔附近（IX 线以东剖面略呈"弓"形，再向东逐渐形成了 1 号背斜），以 N70°W 的方向经 XIV 线后急转 N60°E，又转为近 EW 向后于 XV 与加 XV 线间被 F_{46} 断层切断，全长 3500m。其起伏最大幅度为 130m。两翼地层倾角为 10°~20°，经补打 191 号及 196 号钻孔进一步核实了它的较准确位置。背斜南翼由东向西逐渐被 F_3 断层切割，于Ⅷ线以西背斜逐渐消失。

2 号向斜：位于 1 号背斜南侧，西起于 8 号孔附近，以与 1 号背斜轴基本一致的方向往 NE 延伸，在ⅩⅦ线东被 F_{46} 断层切断，全长 5300m。向斜轴在ⅩⅣ线和加ⅩⅣ线间被 F_3 和 F_{48} 断层切断错开变为三段，于加ⅩⅢ$^{-1}$线~加ⅩⅣ线一段因受 F_3 断层影响只有南翼而无北翼。在 F_3 断层以北完整部位其两翼倾角为 10°~25°，起伏幅度为 130~150m，亦为一宽缓的向斜。

3 号背斜：位于 2 号向斜与 4 号向斜之间，西起于ⅩⅦ线铁路北，轴向由 E~W 逐渐转为 S60°E 继续向 ES 延伸，在井田内长度为 2200m，两翼倾角为 11°~15°，为一宽缓的背斜。

4 号向斜：位于 3 号背斜南侧，西起于ⅩⅧ线西的 166 号孔附近，方向与 3 号背斜基本平行，至ⅩⅨ线长度为 1200m，两翼倾角北翼缓 11°，南翼较陡 25°。

1 号背斜、2 号向斜、3 号背斜及 4 号向斜，均有向东或南东倾伏，较宽缓，大致平行排列等特点。并且与 F_{46} 断层相结合看，它们的存在无疑。但地表掩盖，基本上都是通过稀疏的几个钻孔资料来分析推断的，是否有伴随的断裂构造，只作疑点保留，待后证实。

2.3.3 构造煤发育及分布特征

矿井采掘揭露情况表明，F_{1-2} 断层组断裂构造影响带和靠近 F_3 断层下盘100~150m 的区域的煤层由于受 F_{1-2} 断层组和 F_3 断层的影响，煤层中切层断层和顺煤层断层发育，煤层原始结构发生变化，因层间揉皱多为粉粒结构和糜棱结构，表现为粉末状、鳞片状。尤其是 F_{1-2} 断层组断裂构造影响带，由于受矿井 F_{1-2} 断层组在形成过程中巨大压扭力的作用，下盘之煤层（井田南翼上段正常沉积煤层）由浅入深受到不同程度的挤压、推覆与叠加而形成的一条横贯井田南翼，长 6000m，宽约 100~250m 的区域。已采掘区域内的 F_{1-2} 断层组断裂构造影响带内煤层呈典型的构造煤，且有以下 4 个特点：

（1）单斜煤层，由于受 F_{1-2} 断层组影响，顶底板起伏较大，小断层（切层断层和顺煤层断层）、小褶皱特别发育。

（2）煤层厚度变化大，局部最厚达 49.08m，这是煤层受力压扭、推覆与叠加的结果，同时也是煤层顺层断层和切层断层叠加的结果。

（3）煤层原始结构发生变化，因层间揉皱，多成粉末状、鳞片状。

（4）煤岩层互相穿插，使煤层呈极不规则形态，为煤岩破碎带。

根据矿井采掘揭露情况和钻孔资料分析推断，魏家地井田的构造煤主要分布在 F_{1-2} 断层组断裂构造影响带和靠近 F_3 断层上下盘、F_{48} 断层上下盘及 F_{46} 断层上盘 100~150m 的区域。

2.3.4 地质构造对瓦斯赋存的控制

魏家地煤矿地质构造复杂，井田内的断层均为压扭性逆断层，其封闭性较好，特别是 F_{1-2} 断层组的上盘几乎覆盖了大半个井田。从井田构造剖面图和纲要图来看整个井田成为逆断层边界封闭型、构造盖层封闭型、断层块段封闭型的构造组合体。加之整个井田为一不完整的复式向斜，复式向斜又被这些封闭性较好的压扭性逆断层所切割，这种地质条件更有利于煤层瓦斯聚集和存储，特别是断层带附近，背、向斜轴部的煤层 CH_4 含量显著增高。

2.4 矿井瓦斯地质规律

2.4.1 矿井瓦斯产生的母体

从植物的堆积一直到煤炭的形成，经历了长期复杂的地质变化，这些变化对煤中瓦斯的生成和排放都起着重要的作用。地壳的上升会使剥蚀作用加强，给煤层瓦斯向地表运移提供了条件；而当地表下沉时，煤层被新的覆盖物覆盖，减缓了瓦斯向地表逸散。以开平煤田东欢坨区为例，石炭二叠系煤层直接被厚 150~600m 的第四系冲积层覆盖，这表明该区在第四系冲击层沉积前，煤层瓦斯已经过漫长地质年代的排放。实测数据表明，在距地表 680~700m 深处，煤层的瓦斯含量仅 $1.4~2.2m^3/(t \cdot r)$。从沉积环境上看，海陆交替相含煤系，聚煤古地理环境属于滨海平原，岩性与岩相在横向上比较往往稳定，沉积物粒度细，形成的煤系地层的透气性往往较差，如果其上又遭受长期海侵，并被泥岩、灰岩等致密地层覆盖，此种煤层的瓦斯含量可能很高。与此相反，相对于陆相沉积，内陆环境，横向岩性岩相变化大且覆盖层多为粗粒碎屑岩，此种煤系地层不利于瓦斯的保存，因此煤层的瓦斯含量一般都较低。

煤质变质程度具有垂直分带性[164]。地温（地热）由地表向地下深处呈规律性变化，必然导致煤的变质程度由地表向地下深处呈规律性变化。德国学者 C·希尔特在 1873 年研究德国鲁尔煤田、英国威尔士煤田和法国加莱煤田时发现，随着地层深度增加，煤的挥发分有规律减少，大致是每下降 100m 煤的挥发分（V_{daf}）减少 2.3%左右。煤变质程度的增高，使煤层瓦斯生成量增大，煤对瓦斯的吸附能力增强。这种在同一煤田内构造条件正常并大致相同的情况下，随着地层深度的增加而煤的挥发分（V_{daf}）有规律的减少，煤的变质程度则有规律的增高，称为希尔特规律。

瓦斯是伴随煤的生成而形成的，煤化程度越高，生成的瓦斯量越大。煤的变质程度不仅影响瓦斯的生成量，还在很大程度上决定着煤对瓦斯的吸附能力。成煤初期，褐煤内部结构疏松，且孔隙率较大，瓦斯分子容易渗入煤体内部，从而褐煤具有较强的吸附能力。但此阶段瓦斯生成量相对较少，且不易于保存，煤体中实际含有的瓦斯量很小。在煤的变质过程中，地压使煤的孔隙率减小，煤质逐渐变得致密。而长焰煤的孔隙较少，因此内表面积较小，吸附能力较弱，最大吸附量仅为 $20 \sim 30 m^3/t$。随着煤的变质程度提高，尤其在高温、高压作用下，煤体内部因干馏等物理作用而生成许多微孔隙，在无烟煤时煤体内表面积达到最大，由此煤的吸附能力此时也最强。焦作无烟煤吸附瓦斯的能力达 $40 m^3/t$。但当由无烟煤向超无烟煤过渡时，微孔收缩并减少，煤的吸附能力急剧降低，到石墨阶段时吸附能力消失。

苏联学者对库兹涅茨煤田瓦斯生成特点研究结果表明：不同变质作用生成的煤层，其对 CH_4 的吸附容量也不同。在低变质作用阶段，煤对瓦斯的吸附容量取决于丝质组分所占的比例；在中变质作用阶段，煤中各主要煤岩组分的变化，都对甲烷的吸附容量影响不大；在高变质作用阶段，煤对甲烷的吸附容量取决于镜组分所占比例。魏家地煤矿的主采煤层为低变质烟煤，其丝质组分所占比例高达 75.1%~85.3%（见表 2-4 和表 2-5），如此高的比例决定了其吸附容纳 CH_4 的能力，这是矿井主采煤层瓦斯含量高的主要原因。

表 2-4　一煤层有机显微组分测定　　　　　　　　（%）

有机组分	丝质组分	镜质组分	半镜质组分	稳定组分
测定值	52.5~75.1	17.1~36.2	5.2~11.4	1.2~4.8
	64.31	26.2	8.0	2.2

表 2-5　三煤层有机显微组分测定　　　　　　　　（%）

有机组分	丝质组分	镜质组分	半镜质组分	稳定组分
测定值	31~85.3	8.8~28.8	3.3~7.0	1.6~5.0
	66.4	15.6	5.3	2.7

2.4.2 地质构造对瓦斯赋存的影响

在煤体构造应力场中，煤体既是传递应力的介质，又是受力而改造的岩体。地质构造直接导致煤体运动和变形，使煤体原始平衡受到破坏，从而引起煤中瓦斯运移和重新分布。总的来说，封闭型地质构造有利于瓦斯的保存，从而使煤层瓦斯含量增加；而开放型地质构造有利于瓦斯的排放，使煤体瓦斯含量降低。

2.4.2.1 不同构造与瓦斯赋存分布的关系

根据规模划分区域地质构造主要是指煤田的主体构造和控制井田，主要有褶曲、断裂和组合构造等。

A 褶皱地质构造与瓦斯赋存分布的关系[165]

闭合而完整的背斜或弯窿构造并且覆盖不透气的地层是良好的储存瓦斯构造。在其轴部煤层内往往积存高压瓦斯，形成"气顶"。在倾伏背斜的轴部，通常比相同埋深的翼部瓦斯含量高，但是当背斜轴的顶部岩层为透气岩层或因张力形成连通地面的裂隙时，瓦斯会大量流失，轴部含量反而比翼部少。向斜构造一般轴部的瓦斯含量比两翼高，这是因为轴部岩层受到强力挤压，围岩的透气性会变得更低，因此有利于在向斜的轴部地区封存较多的瓦斯。

受构造影响形成煤层局部变厚的大煤包也会出现瓦斯含量增高的现象。这是因为煤包周围在构造挤压应力的作用下，煤层被压薄，形成对大煤包封闭的条件，有利于瓦斯的封存。同理，由两条封闭性断层与致密岩层封闭的地垒或地堑构造也能为瓦斯含量增高区，特别是地垒构造由于往往有深部供气来源，瓦斯含量会明显增大。

B 断裂构造与瓦斯赋存分布的关系[166]

开放性断层（通常意义上是张性、张扭性或导水断层）不论其与地表是否直接相通，都可以引起断层附近的煤体瓦斯含量释放而降低，当与煤层接触的对盘岩层透气性较大时，瓦斯含量降低的幅度则更大。

封闭性断层（通常意义上是压性、压扭性、不导水或者现在仍受挤压处于封闭状态的断层）并且与煤层接触的对盘岩层透气性低时，一定程度上阻止煤层瓦斯的排放，在此条件下，煤层具有较高的瓦斯含量。

C 构造组合与瓦斯赋存及分布的关系

构造组合指的是构造形迹的组合形式，其可控制瓦斯分布，大致可归纳为以下3种类型：

（1）压性断层矿井边界封闭型：这一类型是指压性断层作为矿井的对边边界，而断层面一般为相背倾斜，致使整个矿井处于封闭的状态，因此瓦斯含量最高。

（2）构造盖层封闭型：盖层条件原是指沉积盖层的，从构造角度分析，也可指构造成因的盖层。如果某一较大的逆掩断层将大面积透气性差的岩层推覆到煤层或煤层附近以上，则改变了原来的盖层条件，同样对瓦斯起到封闭作用。

（3）正断层断块的封闭型，该类型是由两组不同方向的压扭性正断层在平面上组成三角形或者多边形，井田边界也为正断层所圈闭。其特点是除接近正断层露头的浅部或因煤层与断层另一盘接触岩性为透气性岩石时瓦斯含量较小之外，其余皆因断层的挤压封闭而利于瓦斯的储集。

2.4.2.2 滑动构造影响煤层瓦斯赋存举例

以新密矿区裴沟矿为例[167]，郭岗滑动构造、罗湾滑动构造使井田二$_1$煤层的赋存状态发生了剧烈的变化。主要表现在煤层厚度、煤层的物理性质和煤层顶底板岩性发生了变化。

煤厚变化。井田范围内滑动构造的主滑面沿着二$_1$煤层顶部通过，受其铲蚀和推挤影响部位的煤层厚度变化大，煤层厚度突变点较多，出现多处无煤带和不可采带，煤厚两极值为 0~23m，出现零点、不可采点和特厚点。因煤层厚度的差异性，井田内分布有规模不等、数量较多的煤包，而煤包往往是瓦斯的富集区。

煤层物理性质变异。受滑动构造对煤层压挤、剪切和揉搓应力的作用，先期构造所形成的构造煤再次遭受强烈破坏，呈现塑性变形特征，滑面、摩擦镜面及擦痕十分发育，且往往成交错状，煤层发生破碎、粉化、揉流，形成鳞片状构造煤，65%以上为糜棱煤，形成了典型的"三软"煤层，呈现出高分散相、高吸附性能、低强度、低透气性的特点。

煤层顶底板岩性发生变化。在构造运动过程中，形成由断层泥、断层角砾岩及碎裂岩组成的滑动构造带，使得瓦斯沿构造带垂向逸散，减少了煤层瓦斯含量。滑动构造形成后，构造破碎带多为泥质胶结，起到了封闭瓦斯作用。滑动构造为平缓复式断裂构造，推覆、切割了早期形成的广为发育的断裂构造，封闭了瓦斯逸散通道。

2.4.2.3 岩浆活动对煤层瓦斯赋存的影响

高温熔融岩浆侵入煤层，形成一个热力变质带，加剧煤层变质程度，煤层吸附瓦斯能力增强，岩浆作用本身携带的 CO_2、N_2 等气体进入煤层孔隙之中，煤的接触变质作用产生某些气体都促进了煤层瓦斯含量的增高[168]。但如因岩浆活动导致了煤层围岩特别是隔气层的破坏，则由于岩浆的高温作用可强化煤层瓦斯排放，从而使煤层瓦斯含量减小。此外，一旦煤的变质程度达到超级无烟煤

（V_{daf}<3.5%）阶段，煤化程度达到超高无烟煤，煤中的孔隙变得极为稀少。同时，有机演化生成的甲烷开始裂解成氢和碳，煤对甲烷的吸附能力急剧下降。

2.4.2.4 断层构造对瓦斯赋存的影响

封闭性较好的逆断层组合体和不完整复式向斜构造是瓦斯聚集的良好空间。受矿井断裂构造的控制，井田南翼的 F_{1-2} 断层组构造影响带内瓦斯涌出量浅部高于深部。如 101^{-1} 回风顺槽掘进时瓦斯涌出量达到 11.06~16.8m^3/min，102^{-1} 回风顺槽掘进时曾出现瓦斯涌出量达 60m^3/min，并有持续 8h 以上的异常涌出现象，使之在 F_{1-2} 断层组构造影响带矿井绝对瓦斯涌出量大于 25m^3/min，相对瓦斯涌出量达到 80m^3/t，甚至还有煤与瓦斯突出危险。这是由于 F_{1-2} 断层组构造影响带内的煤层呈粒状、糜棱状的构造煤，吸附瓦斯的表面积增大，煤体中的瓦斯以层流运移为主，造成瓦斯涌出量剧增。

2 号向斜轴部是构造应力的集中区和 CH_4 分布区域（该区域 201 钻孔 CH_4 含量为 10.22m^3/t（燃））。该区域 104 下部灌浆道一号进风上山掘至三煤层时，曾连续发生了两次煤与瓦斯突出现象。

靠近 F_3 断层下盘 100~150m 的区域（1112 工作面回风巷）同样出现了绝对瓦斯涌出量升高到 25~35m^3/min 的现象，并有瓦斯突出的特征。

从矿井实际绝对瓦斯涌出量可以明显看出：矿井地质构造，特别是 F_{1-2} 断层组、F_3 这些压扭性断层及被这些压扭性断层所切割的 2 号向斜轴部控制着矿井瓦斯的赋存状态及涌出，使之在该区域煤层（主要是构造煤区段）瓦斯含量较高。

2.4.3 煤层围岩岩性对瓦斯赋存的影响

煤层围岩主要包括煤层直接顶、老顶和直接底板等在内的在一定厚度范围的煤层顶底板的岩石。煤层围岩性质对瓦斯含量的影响，取决于围岩的隔气性和透气性，而反映隔气和透气性能的指标是孔隙性、渗透性和孔隙结构等。泥质岩石有利于瓦斯的保存，但砂质、粉砂质岩石会大大降低其隔气性。

煤层瓦斯的保存与逸散不仅取决于岩石和岩层的渗透率，而且取决于岩体的渗透率。当岩石未经构造运动，没有次生断裂构造发育时，岩石中的孔隙是煤层中瓦斯逸散的唯一通道。虽然岩石的渗透率较低，特别是泥岩，但是由于瓦斯的生成及运移是一个十分漫长的地质过程，在瓦斯压力作用下，瓦斯仍然能够从煤层中逸散出去，这种逸散作用主要表现为煤层瓦斯穿过不同岩性的隔、透气层向大气中逸散[169]。

岩石经历构造运动之后，岩石中形成了大量的断裂构造，增大了围岩的空隙度以及大大提高了岩层及岩体的透气性。岩石孔隙及渗透率决定了岩石在没有发生构造变形之前岩体的透气性，而后生裂隙则决定了岩石构造变形后岩体的透气性。另一方面，受构造运动作用，岩层产状改变，煤层瓦斯的逸散形式也将由原来的垂向穿层逸散变为顺稳定的透气层逸散（见图 2-2 和表 2-6）。

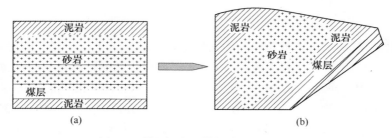

图 2-2　煤层瓦斯逸散转化形式示意图
（a）构造运动前；（b）构造运动后

表 2-6　岩体在构造运动前后透气性对比

项目	空隙类型	空隙度	渗透率	渗透率性质	岩层产状	逸散方式	逸散速度
构造运动前	孔隙原生裂隙	小	小（决定于孔隙的连通性）	各向同向性	原始水平	垂向穿层逸散	慢
构造运动后	次生断裂孔隙原生裂隙	大	大（决定于次生断裂连通性）	各向异性	水平、倾斜直立、倒转	顺稳定透气层逸散	快

　　低透气性煤层顶、底板岩层为矿井瓦斯储存创造了有利条件。矿井一、三煤层直接顶岩性分为两类。一类是泥质粉砂岩或细、粉砂岩，大面积分布。另一类是中~粗砂岩，局部分布。

　　根据地质勘探时期一煤层顶、底板岩性的有关参数测定资料可知：一煤层顶板岩性的孔隙率为 0.4%~4.87%，底板岩性的孔隙率为 0%~4.58%。从矿井煤系地层瓦斯地质综合柱状图分析可知，细、粉砂岩或泥质粉砂岩的透气性为 1.2~2.5 之间，远远低于中、粗粒砂岩，足以说明其透气性之差。而一、三煤层直接顶和一煤层底板大面积分布为泥质粉砂岩或细、粉砂岩，致使低透气性的一、三煤层顶和底板岩层为瓦斯储存创造了良好的条件，这也是魏家地矿井瓦斯涌出量大，原始煤层瓦斯含量高的又一原因。

　　进一步分析矿井已采区域一、三煤层顶板岩性分布图（矿井已采区域一、三煤层顶板岩性多为泥质粉砂岩或细、粉砂岩，只有一煤层 2012 工作面顶板岩性部分为中~粗砂岩）。一、三煤层顶板岩性为泥质粉砂岩或细、粉砂岩区域的原始煤层瓦斯含量为 6~18m³/t、4~10m³/t，从而预计矿井未采动的一、三煤层顶板岩性为泥质粉砂岩或细、粉砂岩区域（无构造影响区域）的原始煤层瓦斯含量为 6~18m³/t、4~10m³/t。

2.4.4　煤层厚度及结构对瓦斯赋存的影响

特厚复杂结构煤层是阻止瓦斯逸散的主要载体，煤层厚度对瓦斯的赋存具有重要影响。瓦斯的逸散以扩散方式为主，空间两点之间的浓度差是其扩散的主要动力。在其他初始条件相似的情况下，煤层厚度越大，达到中值浓度或者扩散终止需要的时间就越长。煤层本身就是一种高度致密的透气性较低的岩层，上部分层和下部分层对中部分层有强烈的封盖作用，煤层厚度越大，中部分层中的瓦斯向顶底板扩散的路径就越长，扩散阻力就越大，对瓦斯保存越有利。

魏家地煤矿主采煤层厚度变化大，结构复杂。一煤层厚度为 0.23~37.78m，局部煤层厚度达到 49.08m，夹矸 1~23 层，厚度为 0.03~7.98m，岩性为砂质泥岩、炭质泥岩。三煤层厚度为 0.29~15.03m，夹矸 1~8 层，厚度为 0.05~3.00m，岩性为砂质泥岩、炭质泥岩。

魏家地井田煤层属中等透气性煤层（透气性较低），加之煤层结构复杂，夹矸岩性又为透气性比煤层更低的砂质泥岩、炭质泥岩，这样煤层中的瓦斯向顶底板扩散的路径更长，扩散阻力更大，对瓦斯保存就更加有利。

结合煤厚等值线图和已采区域的瓦斯涌出量分析，一、三煤层厚度超过 10m、5m 的区域，瓦斯含量大，相应瓦斯涌出量高。一、三煤层厚度低于 10m、5m 的区域，瓦斯含量小，相应瓦斯涌出量低。

一煤层厚度一般低于 10m 的区域，预计原始煤层瓦斯含量为 6m³/t 以下；煤层厚度高于 10m 的区域，预计原始煤层瓦斯含量为 6~10m³/t。特别是一煤层在井田东部煤层特厚、结构特别复杂区域，瓦斯含量更高，达 10m³/t 以上。

三煤层厚度低于 5m 的区域，预计原始煤层瓦斯含量为 6m³/t 以下；煤层厚度高于 5m 的区域，原始煤层瓦斯含量为 6~10m³/t。三煤层在井田西部煤层增厚区域，瓦斯含量更高，预计达到 10m³/t 左右。

2.4.5　煤层埋深对瓦斯赋存的影响

研究表明，煤层埋藏深度也是决定煤层瓦斯含量大小的主要因素。随着煤层埋深的增加，一方面因地应力的提高而使煤层和围岩的透气性降低，另一方面使瓦斯向地表运移的距离加长，两种形式都有利于瓦斯的保存。根据生产实践得出同样结论，即煤层瓦斯压力随埋深的增加而增大。根据煤层瓦斯吸附的朗格缪尔（Langmuir）方程，瓦斯吸附量随瓦斯压力增加而增大，瓦斯含量随之增大。当瓦斯压力比较低时，吸附瓦斯量占绝大部分，随着瓦斯压力的增大，吸附瓦斯量逐渐趋于饱和，但游离瓦斯含量的比例比较高。据研究[170]，瓦斯含量随埋深增加的百米瓦斯梯度为 1.46mL/g。当埋深增加到一定程度，煤层瓦斯含量趋于常量[171]。

矿井瓦斯垂向分带的不趋向性，致使煤层埋深与瓦斯赋存未成线性关系。根据黎金的煤层瓦斯垂向成分带的研究学说，结合矿井瓦斯垂直分带图，井田煤层瓦斯垂向划分为 3 个带，即：N_2-CH_4 带；瓦斯带（CH_4 带）；N_2-CH_4 带。瓦斯带内 CH_4 含量超过 70% ~ 80%，瓦斯风化带深度约在 510m 以上。瓦斯带在垂深 510 ~ 540m 之间，瓦斯梯度约为 0.05 ~ 0.1m^3/t(燃)。构造简单区域，煤层埋深在 520m 以上，从煤层瓦斯垂直分带图、瓦斯涌出量与煤层埋深分析，煤层 CH_4 含量随煤层埋深而递增，煤层埋深度在 520m 以下，煤层 CH_4 含量随煤层埋深递减。

2.4.6　水文地质对瓦斯赋存的影响

水文地质条件对瓦斯赋存的影响可概括为以下 3 种作用：（1）水力运移、逸散作用；（2）水力封闭作用；（3）水力封堵作用。其中，第一种作用导致瓦斯散失，后两种作用有利于瓦斯保存[172]。

2.4.6.1　水力运移、逸散作用

水力运移、逸散作用常见于断层发育地区。通过导水断层或裂隙而沟通煤层与含水，使水文地质单元的补、径、排系统完整，若含水层富水性、水动力强、含水层与煤层水力联系好，则地下水在运动过程中即携带煤层气体转移而使之逸散。例如，地下水在黄陵 1 号煤矿[173]南部及西南部一带沮河和煤岩层露头处既是地下水的补给区，同时又是地下水的排泄区，地下水在这一地段交替频繁，由于水力运移逸散作用，煤层瓦斯以溶解方式被水带走、逸失，煤层含气性较差。与煤层有水力联系的含水层包括：煤系下伏灰岩岩溶裂隙含水层、煤系中灰岩岩溶裂隙含水层、砂岩孔隙含水层、基岩孔隙含水层和第四系松散孔隙含水层。

2.4.6.2　水力封闭作用

煤层气因受水力封闭作用而富集，煤层含气量较高。水力封闭作用常发生在下列情况：构造简单的宽缓向斜中，其断裂不甚发育且断裂构造多为不导水断裂，特别是一些边界断层多具挤压、逆掩性质而成为隔水边界；煤系上部和下部存在良好的隔水层，或者说煤系含水层与上覆第四系松散含水层、下伏灰岩岩溶裂隙含水层并无水力联系，区域水文地质条件相对简单；煤层直接充水，含水层即是煤系中砂岩裂隙含水层且砂岩裂隙含水层含水性微弱、渗透系数低，地下水径流缓慢甚至停滞；含水层补给只限于浅部露头的大气降水，补给量小；地下水

以静水压力、重力驱动方式流动，地下水呈封闭状态，对煤层气有封隔作用。

2.4.6.3 水力封堵作用

当煤层及其围岩含水层地下水流向与煤层气运移方向相反时，地下水的流动一方面可以对煤层甲烷向浅部的运移产生一定阻力、减缓煤层气运移速度，另一方面又可携带溶解的部分瓦斯向深部聚集从而有利于瓦斯富集。水力封堵作用常见于不对称向斜或单斜中。含水层从露头接受补给，地下水顺层由浅部向深部运动，将煤层中向上扩散的气体封堵，致使煤层气聚集。如开平向斜新生界松散含水层接受大气降水和地表径流补给后，把充足的水量从西北翼岩层隐伏露头区补给石炭二叠系和奥陶系地层，接受补给后的煤储层地下水顺层向深部流动，而煤储层中的甲烷气体则由深部高压区顺层沿两翼岩层向上运移，致使地下水的流动方向与煤层气运移相反，向下流动的地下水封堵，减缓了瓦斯向上的移动并将溶解的瓦斯携带至深部，从而造成开平向斜西北翼马家沟等井田的高瓦斯含量[174]。

2.4.7 煤层瓦斯赋存规律

魏家地矿井煤层瓦斯成分主要为 N_2-CH_4，重烃（C_2-C_3）含量偏高。

井田煤层自然瓦斯成分主要有 CH_4、CO_2、N_2、C_2-C_3。其中一煤层 N_2-CH_4 大面积分布，约占井田85%的区域。CH_4 约占井田10%的区域，主要分布在X线以西南部及 F_3 断层附近，1号、3号背斜，2号向斜轴部的局部区域。N_2、N_2-CO_2-CH_4 是零星分布。重烃（C_2-C_3）平均值占瓦斯总量的7.33%。三煤层 N_2-CH_4 大面积分布，约占井田90%的区域。CH_4 约占井田10%的区域，主要分布在 F_3 断层附近的局部区域。

矿井已采区域（西一采区）属于矿井瓦斯 N_2-CH_4 的区域（F_{1-2} 断层组构造影响带以外的区域），CH_4 的含量相对较低，一煤层的原始瓦斯含量为 $6\sim10m^3/t$；属于 CH_4 分布区域，CH_4 的含量相对较高，原始瓦斯含量为 $10\sim20m^3/t$ 左右；由此预计一煤层在 N_2-CH_4 分布区域原始瓦斯含量为 $6\sim10m^3/t$；在 CH_4 分布区域，原始瓦斯含量为 $10\sim20m^3/t$ 左右。

三煤层在 N_2-CH_4 分布区域原始瓦斯含量为 $6m^3/t$ 以下；在 CH_4 分布区域，CH_4 的含量相对较高，原始瓦斯含量为 $6\sim10m^3/t$。

综合分析矿井地质构造特征、煤岩组分、煤层顶底板岩性、煤层厚度及结构、煤层瓦斯成分分布与煤层原始瓦斯含量的关系，研究得出：矿井一、三煤层瓦斯含量大，且外部条件隔绝了瓦斯运、逸、散的通道，矿井瓦斯含量非常丰富。分析其各因素特性所占权重情况，一煤层瓦斯赋存规律：

（1）CH_4偏高带，煤层结构特别复杂区域，煤层特厚区域瓦斯含量高，预计在 $10m^3/t$ 以上。

（2）在 F_{1-2} 断层组构造影响带和 F_3、F_{48} 断层区域，构造煤分布区域（煤层增厚区域）瓦斯含量相对较高，煤层较薄区域瓦斯含量相对较低。

（3）其他区域，煤层瓦斯含量随煤层埋深有逐渐增高的趋势。

三煤层瓦斯赋存规律：

（1）XIV线以西，煤层较厚，煤层瓦斯含量较高，预计为 $6\sim10m^3/t$。

（2）三煤层XIV线以东，煤层较薄，煤层瓦斯含量较低，预计为 $1\sim2m^3/t$。

（3）煤层瓦斯含量随煤层埋深逐渐有增高的趋势。

3 煤层瓦斯含量测定方法及预测

煤层瓦斯含量测定及预测是煤矿瓦斯治理的一项基础工作，煤层瓦斯含量的准确测定和预测对矿井工作面设计布置、通风方式选择和风量配置以及瓦斯抽采方式的选择至关重要。

3.1 煤层瓦斯含量影响因素

通过对魏家地煤矿地勘期间的瓦斯含量进行统计，结合实测瓦斯含量，分别研究了煤层厚度，顶底板岩性以及煤层底板标高对煤层瓦斯含量的影响，其瓦斯含量统计结果如下，一煤层见表 3-1，三煤层见表 3-2。

表 3-1　矿井一煤层钻孔瓦斯含量统计

煤层名称	采区名称	孔号编号	地面标高/m	底板标高/m	垂深/m	可采厚度/m	煤厚总厚/m	CH_4含量/$m^3 \cdot t^{-1}$(燃)	瓦斯含量/$m^3 \cdot t^{-1}$(燃)
一煤层	西一采区	79	1602.40	1249.45	351.30	1.47	1.65	0.91	0.91
		209	1633.34	1258.60	372.81	1.93	1.93	2.91	3.09
		224	1648.32	1203.00	443.36	0.88	1.96	0.13	0.31
		112	1608.74	1169.08	437.47	1.93	2.19	4.30	4.30
		216	1615.87	1137.69	475.27	2.35	2.91	1.18	1.18
		212	1623.90	1078.79	542.11	3.00	3.00	0.46	1.74

续表 3-1

煤层名称	采区名称	孔号编号	地面标高/m	底板标高/m	垂深/m	可采厚度/m	煤厚总厚/m	CH₄含量/m³·t⁻¹(燃)	瓦斯含量/m³·t⁻¹(燃)
一煤层	西一采区	220	1647.60	1221.13	423.24	3.23	3.23	2.84	3.14
		205	1599.82	1175.83	420.69	3.32	3.32	3.01	5.69
		111	1619.54	1121.33	493.98	4.05	4.23	5.50	5.60
		136	1714.26	1191.66	518.23	4.37	4.37	0.29	0.29
		215	1658.23	1101.24	552.58	4.41	4.41	2.78	3.33
		191	1675.73	1199.88	471.08	4.77	4.77	1.00	1.91
		主井孔	1637.50	1124.95	507.54	5.01	5.01	2.66	2.66
		198	1643.06	1073.01	563.37	5.91	6.68	2.11	2.22
		206	1618.99	1113.00	498.17	2.90	7.82	1.80	2.21
		95	1639.31	1198.49	432.87	4.69	7.95	3.54	3.54
		214	1613.76	1099.26	505.97	8.43	8.53	6.32	7.73

煤层名称	采区名称	孔号编号	地面标高/m	底板标高/m	垂深/m	可采厚度/m	煤厚总厚/m	CH$_4$含量/m^3·t^{-1}(燃)	瓦斯含量/m^3·t^{-1}(燃)
一煤层	西一采区	218	1589.40	1200.57	380.29	2.60	8.54	3.32	4.46
		221	1623.82	1182.13	439.75	1.26	1.94	1.95	2.12
		213	1605.85	1141.58	455.72	5.96	8.55	5.50	7.70
		223	1634.54	1188.46	436.89	6.46	9.19	3.00	4.14
		185	1684.38	1120.35	554.16	8.56	9.87	1.45	2.87
		201	1630.71	1107.28	512.24	10.35	11.19	10.22	10.39
		210	1667.38	951.93	702.08	11.34	13.37	3.40	4.35
		211	1612.65	1038.46	560.11	8.44	14.08	2.29	3.16
		219	1607.95	1130.20	463.57	7.74	14.18	2.37	3.33
		115	1593.78	1232.20	346.64	1.16	14.94	5.80	5.80
		100	1640.33	1266.66	358.06	13.27	15.61	1.65	1.74

续表 3-1

煤层名称	采区名称	孔号编号	地面标高/m	底板标高/m	垂深/m	可采厚度/m	煤厚总厚/m	CH_4含量/$m^3 \cdot t^{-1}$(燃)	瓦斯含量/$m^3 \cdot t^{-1}$(燃)
一煤层	西一采区	74	1656.65	1135.90	505.02	9.26	15.73	2.00	2.00
		102	1613.00	1014.82	581.76	16.26	16.42	0.99	0.99
		193	1668.89	1031.87	620.06	11.60	16.96	4.02	7.07
		197	1667.91	1242.07	405.31	19.38	20.53	2.48	3.04
		187	1651.02	1076.07	550.87	15.50	24.08	3.21	4.82
		117	1680.73	1069.82	585.94	22.55	24.97	3.11	3.11
		146	1674.19	1171.78	475.78	17.64	26.63	2.73	3.28
		110	1701.18	1108.47	544.24	45.47	48.47	1.58	4.40
	平　均			1639.02	1142.42		10.81	2.86	3.57
	西一采区			1640.31	1162.07		11.65	4.39	4.60

表 3-2　矿井三煤层钻孔瓦斯含量统计

煤层名称	采区名称	孔号编号	地面标高/m	底板标高/m	垂深/m	可采厚度/m	煤厚总厚/m	CH₄含量/m³・t⁻¹(燃)	瓦斯含量/m³・t⁻¹(燃)
三煤层	西一采区	223	1634.54	1152.49	475.45	6.60	6.60	1.67	3.28
		207	1617.72	1134.65	475.92	5.94	7.15	3.15	4.83
		224	1648.32	1161.72	477.95	8.46	8.65	0.50	1.12
		213	1605.85	1106.55	498.27	1.03	1.03	4.79	5.36
		221	1623.82	1124.10	494.06	5.18	5.66	2.77	3.52
		215	1658.23	1046.87	603.93	7.43	7.43	0.16	0.44
		219	1607.95	1066.54	534.32	6.87	7.09	3.04	3.60
		217	1629.82	1069.66	551.33	8.83	8.83	3.10	4.44
	平　均	1628	1628.28	1107.82	513.90	6.56		2.40	3.32

3.1.1 煤层厚度

煤层是瓦斯的主要储集层，一般情况下，煤层厚度是影响瓦斯含量和瓦斯涌出量的重要因素。魏家地煤矿一、三煤层不稳定，厚度为 1.03~45.47m，平均为 8.26m，但局部受构造影响，煤层有增厚或减薄现象。通过统计煤层厚度与瓦斯含量的关系（见表 3-1 和表 3-2），可得到瓦斯含量与煤层厚度的关系如图 3-1 和图 3-2 所示。

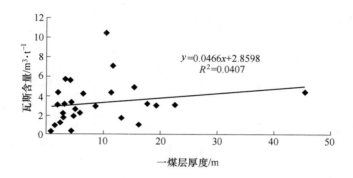

图 3-1　一煤层厚度与瓦斯含量的关系

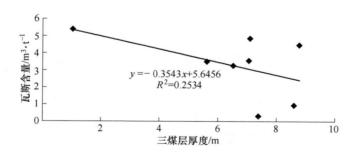

图 3-2　三煤层厚度与瓦斯含量的关系

3.1.2 煤层埋深及底板标高

煤层埋深包括基岩埋深和新生界埋深两部分，研究表明，对瓦斯赋存起控制作用的是基岩埋深，煤层瓦斯含量随埋深的增加而增大。

出露地表的煤层瓦斯容易逸出，而且空气也向煤层渗透，因而，煤层中含有

CO_2、N_2等气体，甲烷含量少；随着埋藏深度的增加，甲烷所占的比例增大。另一方面，随着埋深增大，煤层中瓦斯压力增加，煤中游离瓦斯含量所占的比例增大，煤中吸附瓦斯逐渐趋于饱和。所以，从理论上分析，在一定深度范围内，煤的甲烷含量随埋深的增大而增加。但是如果埋藏深度继续增大，煤中甲烷含量增加的速度将会减慢。

M·Л·列文斯基研究表明，煤层埋深对煤层中甲烷含量的变化有决定性的影响。对于处在瓦斯带的烟煤和初期无烟煤来说，可以把甲烷带分为两个亚带，其瓦斯含量随深度变化明显不同。

随着煤层底板标高的降低，埋藏深度的加大，地应力不断加大，围岩的透气性不断降低，瓦斯向地表运移的距离也不断加大，这些变化均有利于瓦斯的赋存，使得瓦斯含量与瓦斯涌出量也将不断加大，通过统计埋藏深度、煤层底板标高与瓦斯含量（见表 3-1 和表 3-2），分别得出埋藏深度、煤层底板负标高与瓦斯含量的关系，如图 3-3~图 3-6 所示。

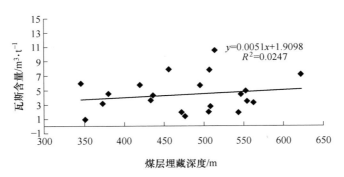

图 3-3　一煤层埋藏深度与瓦斯含量的关系

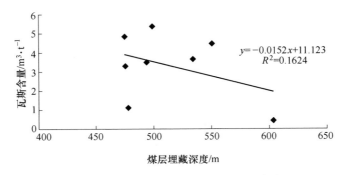

图 3-4　三煤层埋藏深度与瓦斯含量关系

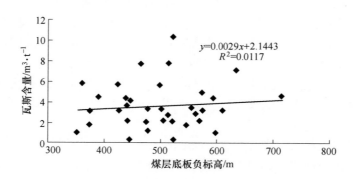

图 3-5　一煤层底板负标高与瓦斯含量的关系

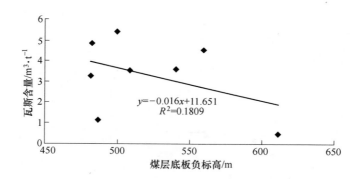

图 3-6　三煤层底板负标高与煤层瓦斯含量的关系

通过以上埋藏深度、煤层底板负标高与瓦斯含量的关系可以发现，（1）一煤层：随埋深度和底板负标高的增加，瓦斯含量增加；（2）三煤层：瓦斯含量随埋藏深度和底板负标高的增加而降低，并且有较好的线性关系。虽然局部构造处有瓦斯异常带，瓦斯含量可能出现异常情况，但总体为：一煤层随着埋藏深度的增加、煤层标高的降低而增大；三煤层瓦斯含量随埋藏深度和底板标高的降低而减小。埋藏深度和煤层底板标高为矿井瓦斯赋存的主要控制因素。

3.1.3　煤层瓦斯含量预测

通过定性、定量分析瓦斯含量的影响因素，虽然煤田局部瓦斯有异常情况，但魏家地煤矿整体一煤层瓦斯含量随埋藏深度的增大、煤层底板标高的降低而增大；三煤层瓦斯含量随埋藏深度的增大、煤层底板标高的降低而减小。通过定量分析可知,煤层底板标高是影响矿井瓦斯赋存的主控因素。如 3.1.2 节所建立的煤层底板负标高与瓦斯含量的关系模型,可用来进行瓦斯含量的预测:

一煤层: $y = 0.0029x + 2.1443R^2 = 0.0117$

三煤层: $y = -0.016x + 11.651R^2 = 0.1809$

式中,y 代表瓦斯含量,m^3/t;x 代表煤层底板负标高,m;R 代表相关性系数。

3.2 煤层瓦斯含量测定方法

3.2.1 煤层瓦斯含量测定方法分类

煤层瓦斯含量测定方法可分直接法与间接法两类。根据应用范围又可分为地勘钻孔瓦斯含量测定法和井下应用的瓦斯含量测定法。

直接法较简单,直接从煤体中采取煤样,在现场解吸,然后将煤样送到实验室。在实验室中用真空泵抽取瓦斯,并分析瓦斯成分,进行煤质工业分析,计算确定煤层瓦斯含量。直接法的优点是直接测定瓦斯含量,避免了间接法测定许多参数时的误差,缺点是试样采取过程中难免有瓦斯逸散,需要用数学模型推算瓦斯损失量。

间接法测定煤层瓦斯含量是根据井下实测的或根据已知规律推算的煤层瓦斯压力,并在实验室测定煤的吸附等温线、孔隙率和工业分析结果,最后计算确定煤层瓦斯含量。该法的特点是煤样无须密封,采样方法简单;缺点是需要在井下实测煤层瓦斯压力。由于测定各种参数不可避免地存在一定误差,间接法最后的计算结果也只可能是近似值。

3.2.2 煤层瓦斯含量的直接测定方法

3.2.2.1 地勘时期煤层瓦斯含量测定方法[175,176]

在地质勘探钻孔中,先后用过各种形式的密闭式煤芯采取器、集气式煤芯采取器并根据实测煤芯瓦斯解吸随时间的变化规律来确定瓦斯损失量(解吸法)。

密闭式方法的工作原理是利用煤芯管上下两端的结构,将含有瓦斯的煤芯的孔底严密封闭在煤芯管内。钻具提至地面后,卸下已装有煤芯的煤芯管,送到实验室进行脱气,得出煤层瓦斯含量。

集气式方法的工作原理是在普通煤芯采取器的上部安装带阀门的集气室,收集提钻过程中煤芯泄出的瓦斯。钻具提至地面后,卸下已装有瓦斯及煤芯的带集气室的取样器保持密闭状态送到实验室进行脱气,得出煤层瓦斯含量。

密闭式和集气式方法主要采用过抚研 58 型集气式、1883 型密闭式煤岩芯采取器，其有两个缺点：（1）需要专门的采样装置，操作工艺较复杂；（2）煤芯采取率往往达不到要求标准，成功率较低，一般仅为 50%~60%。近年来，这两种方法已被淘汰。

目前，地勘时期测定煤层瓦斯含量广泛采用钻孔解吸法。该法特点是根据煤解吸瓦斯量随时间的变化规律确定采样过程中的瓦斯损失量。与集气式岩芯采取器相比，把专用仪器在孔内采样改为利用普通煤芯管在孔底钻取煤芯，利用煤样罐在煤芯提升到孔口时采样。主要优点是无须专用的岩芯采取器，不影响地勘钻孔的正常钻进，且取芯的成功率高。

3.2.2.2　井下煤层瓦斯含量测定方法

井下解吸法是地勘解吸法在井下的应用，与地勘钻孔相比，解吸速度法的明显优点是：（1）煤样暴露时间短，一般为 3~5min，且煤样瓦斯解吸起始时间能准确测定；（2）煤样在钻孔中的瓦斯解吸条件与空气中基本相同，无泥浆和泥浆压力的影响。缺点是当钻孔塌孔时取样比较困难。

3.2.2.3　井下瓦斯含量快速测定方法

煤炭科学研究总院抚顺分院在 1993~1995 年提出了一种新的井下瓦斯含量快速测定方法，并以此为基础研制了 WP-1 型井下煤层瓦斯含量快速测定仪。该测定仪利用井下煤层钻孔采集煤屑，自动测定煤样的瓦斯解吸速度和瓦斯含量。由于不需要测定取样损失瓦斯量和试样的残存瓦斯量，测定时间仅需 15~30min。

3.2.3　煤层瓦斯含量的间接测定方法

3.2.3.1　根据煤层瓦斯压力和煤的吸附等温线计算煤层瓦斯含量

国内外最常用的煤层瓦斯含量间接确定法是根据已知的煤层瓦斯压力和实验室测出的煤的吸附常数值，计算煤层的瓦斯含量[177]。

$$X = \frac{abp}{1 + bp} \times \frac{1}{1 + 0.31W} e^{n(t_s - t)} + \frac{10Kp}{k} \tag{3-1}$$

式中　X ——纯煤（煤中可燃质）的瓦斯含量，m^3/t；

a ——吸附常数，试验温度下纯煤的极限吸附量，m^3/t；

b ——吸附常数，MPa^{-1}；

p ——煤层瓦斯压力，MPa；

t_s ——实验室进行吸附试验的温度，℃；

t ——煤层温度，℃；

W ——煤的水分，%；

　　n——系数；

　　K——煤的孔隙容积，m^3/t；

　　k——甲烷的压缩系数，按文献［178］取值。

　　式（3-1）右边第一部分为煤的吸附瓦斯量，第二部分为游离瓦斯量。右边第一部分的第二个乘数（分数）为考虑水分对吸附量影响的系数。为消除水分影响经验式确定吸附瓦斯量所带来的误差，最好用具有原始水分煤样进行吸附试验，而不再进行水分对吸附量影响的校正。右边第一部分的第三个乘数（指数式）为温度校正系数，如实验室吸附试验温度与煤层温度相同，则不必进行温度校正。

　　如需确定原煤瓦斯含量，则可按式（3-2）进行换算：

$$X_0 = X \frac{100 - A - W}{100} \tag{3-2}$$

式中　X_0——原煤瓦斯含量，m^3/t；

　　　　A——原煤灰分，%。

3.2.3.2　含量系数法

　　为了减少实验室条件和天然煤层条件的差异所带来的误差，周世宁院士研究提出了井下瓦斯含量的含量系数法。在分析瓦斯含量的基础上，提出煤中瓦斯含量和瓦斯压力之间的关系可以近似用式（3-3）表示[179,180]：

$$X = \alpha \frac{\sqrt{p}}{\gamma} \tag{3-3}$$

式中　X——原煤瓦斯含量，m^3/t；

　　　　α——煤的瓦斯含量系数，$m^3/(m^3 \cdot MPa^{1/2})$；

　　　　p——瓦斯压力，MPa；

　　　　γ——煤的密度，t/m^3。

煤层瓦斯含量系数可以在井下直接测定得出。

3.2.3.3　根据煤的残存瓦斯含量计算煤层瓦斯含量

　　使用该法时，在正常作业的掘进工作面，在煤壁暴露30min后，从煤层顶部和底部各取一个煤样，装入密封罐，送入实验室测定煤的残存瓦斯含量。若实测煤的残存瓦斯含量在$3m^3/t$(燃) 以下，按式（3-4）计算煤的原始瓦斯含量：

$$W_0 = 1.33 W_c \tag{3-4}$$

式中　W_0——煤干燥无灰基原始瓦斯含量，m^3/t(燃)；

　　　　W_c——实测煤的残存瓦斯含量，m^3/t(燃)。

当实测煤的残存瓦斯含量大于$3m^3/t$(燃) 时，按式（3-5）计算煤的原始瓦斯含量：

$$W_0 = 2.05W_c - 2.17 \qquad (3-5)$$

3.2.4　瓦斯含量测定方法对比分析

　　煤层瓦斯含量是煤层重要的瓦斯参数之一，是矿井瓦斯涌出量预测、煤与瓦斯突出预测及矿井瓦斯防治的重要依据。目前，获得煤层瓦斯含量的方法主要有勘探钻孔测定瓦斯含量、生产期间井下钻孔测定瓦斯含量、利用瓦斯涌出量反算瓦斯含量、利用瓦斯参数计算瓦斯含量等。各测定方法综合对比见表 3-3。

表 3-3　瓦斯含量测试方法对比一览表

测试方法或计算方法	优　点	缺　点	可靠性评价	采用方法和理由
勘探期间钻孔瓦斯含量	直接测定瓦斯含量，避免了间接测定时许多参数的测定误差，数据丰富，分布比较均匀	试样采取过程中难免有部分瓦斯逸散	可靠	数据丰富和分布均匀，可用来进行全井田的瓦斯规律分析和瓦斯涌出量的区域预测
生产期间井下实测钻孔瓦斯含量	1. 煤样暴露时间短，一般 1～3min，且易准确进行测定；2. 煤样在钻孔中的解吸条件与在大气中大致相同，无泥浆和泥浆压力的影响	当钻孔塌孔时取样比较困难，岩心样和钻屑样测定数据有一定的误差	可靠	对勘探的瓦斯含量值进行验证及用在巷道掘进和工作面回采时瓦斯涌出量预测
瓦斯涌出量反算瓦斯含量	不需要专门的测试仪器，瓦斯涌出量数据来源方便、可靠	该方法的缺点是进行反演的条件比较苛刻，影响的因素过多，反演结果精度低	参考	可用在地质条件和开采因素相似的工作面的瓦斯涌出量预测

测试方法或 计算方法	优　点	缺　点	可靠性 评价	采用方法和理由
瓦斯参数 计算瓦斯含 量	相关参数测试煤样不密 封、采样方法简单，如果 已知煤层瓦斯压力，则可 根据等温吸附常数计算煤 层瓦斯含量	瓦斯压力测定成功 率低，特别是在已揭 露的煤层测压，测定 结果的可信度更低	参考	用在瓦斯含量直接数据 缺少的区域，进行瓦斯涌 出量的预测

3.3 魏家地矿煤层瓦斯含量测定及分析

3.3.1 魏家地矿煤层瓦斯含量间接测定

煤的吸附瓦斯含量，按朗缪尔方程计算，并应考虑煤中水分、灰分、温度、可燃物百分数等影响因素，煤层瓦斯含量是指煤层在自然条件下，单位重量（或体积）所含游离瓦斯和吸附瓦斯的数量。

3.3.1.1 间接法

采用间接法测定煤层瓦斯含量，即通过实验室测定煤的吸附常数，煤的水分、灰分、孔隙率及容重和现场实测瓦斯压力，用式（3-6）计算求得。

地勘煤芯工业分析数据见表 3-4，实验室测定数据见表 3-5。

表 3-4　地勘煤芯工业分析数据

项目 煤层	水分 W_f/%	灰分 A_g/%	挥发分 V/%	瓦斯含量 /$m^3 \cdot t^{-1}$(可燃)	煤质牌号
一	0.03~0.29	7.84~28.4	26.8~37.14	0.13~10.22	不（弱）黏煤
	1.46	12.46	31.84		

续表 3-4

项目 煤层	水分 W_f/%	灰分 A_g/%	挥发分 V/%	瓦斯含量 /m³·t⁻¹(可燃)	煤质牌号
二	0.89~1.64	11.18~22.08	29.08~39.79	1.61~4.04	弱黏煤
	1.29	17.05	33.67		
三	0.78~1.65	17.37~30.88	29.08~39.79	0.12~4.79	不（弱）黏煤
	1.30	23.16	32.48		

表 3-5   实验室测定数据

项目 取样地点	吸附常数		水分 W_f /%	挥发分 V/%	灰分 A_g/%	真密度 d/g·cm⁻³	假密度 r/g·cm⁻³	孔隙率 f_n/%
	a	b						
1 号测压孔	20.6168	0.0529	0.85	26.71	18.75	1.51	1.355	10.6
西一采区东三斜上	30.1205	0.0335	1.33	31.87	9.31	—	1.41	—
西一采区 101 石门	31.348	0.0219	2.04	19.69	12.74	1.51	1.35	13.3
西一采区 104 煤巷	34.3643	0.0359	1.90	25.89	7.2	1.415	—	—
西一采区 101 煤巷	26.9542	0.0318	1.21	24.89	6.3	1.45	—	—
西一采区东三斜上	15.8544	0.04563	1.19	36.65	10.47	1.39	1.29	7.19

瓦斯含量按式（3-6）计算：

$$W_0 = \frac{abP_0}{1 + bP_0} \times \frac{100 - W_f - A_g}{100(1 + 0.31W_f)} + \frac{f_nP_0}{100\gamma}$$ （3-6）

式中　W_0——煤层瓦斯含量，m^3/t；

　　　a，b——瓦斯吸附常数；

　　　P_0——煤层绝对瓦斯压力，kg/cm^2；

　　　W_f——煤的水分，%；

　　　A_g——煤的灰分，%；

　　　f_n——煤的孔隙率，%；

　　　γ——煤的容重，t/m^3。

综合考虑表 3-4、表 3-5 参数，可得：

$$W_0 = \frac{26.5433 \times 0.03694 \times 18.8}{1 + 0.03694 \times 18.8} \times \frac{100 - 1.43 - 11}{100 \times (1 + 0.31 \times 1.43)} + \frac{10.717 \times 18.8}{100 \times 1.35}$$

$$= 8.1m^3/t$$

故一煤层的瓦斯含量为 8.1m^3/t。

3.3.1.2　含量系数法

为了减少实验室条件和天然煤层条件的差异所带来的误差，中国矿业大学周世宁院士研究提出了井下煤层瓦斯含量测定的含量系数法，他在分析研究煤层瓦斯含量的基础上，发现煤中瓦斯含量和瓦斯压力之间的关系可以近似用式（3-7）表示：

$$X = \alpha\frac{p}{\gamma}$$ （3-7）

式中　X——煤层原始瓦斯含量，m^3/t；

　　　α——煤的瓦斯含量系数，$m^3/(t \cdot MPa^{0.5})$；

　　　p——瓦斯压力，MPa；

　　　γ——煤的密度，t/m^3。

煤层瓦斯含量系数在井下可直接测定得出。

在掘进巷道的新鲜暴露煤面，用煤电钻打眼采取煤样，煤样粒度为 0.1~0.2mm，质量为 60~75g，装入密封罐内。用井下钻孔自然涌出的瓦斯作为瓦斯源，用特制的高压打气筒，将钻孔涌出的瓦斯打入密封罐内。为了排除气筒和罐内残存的空气，应先用瓦斯清洗气筒和煤样罐数次，然后向煤样正式注入瓦斯。特制打气筒打气最高压力达 2.5MPa 时，即可满足测定含量系数的要求。煤样罐充气达 2. 0MPa 时，即关闭罐的阀门，然后送入实验室测定在不同平衡瓦斯压力下煤样所解吸出的瓦斯量。最后按照式（3-7）求出平均的煤的瓦斯含量系数值。

3.3.1.3　根据煤的残存瓦斯含量计算煤层瓦斯含量

根据煤的残存瓦斯含量推算煤层原始瓦斯含量是一种简单易行的方法。该方法在波兰得到广泛应用，使用该法时，在正常作业的掘进工作面，在煤壁暴露30min 后，从煤层顶部和底部各取一个煤样，装入密封罐，送入实验室测定煤的残存瓦斯含量。如工作面煤壁暴露时间已超过 30min，则采样时应把工作面煤壁清理 0. 2~0. 3m 深，再采煤样。

若实测煤的残存瓦斯含量在 3m³/t 以下，按式（3-8）计算煤的原始瓦斯含量：

$$W_0 = 1. 33W_c \tag{3-8}$$

式中　　W_0——煤无水无灰基原始瓦斯含量，m³/t；

　　　　W_c——实测煤的残存瓦斯含量，m³/t。

由式（3-8）可知，此时的瓦斯损失量取为定值 25%。

当煤的残存瓦斯含量大于 3m³/t 时，用式（3-9）计算煤的瓦斯含量：

$$W_0 = 2. 05W_c - 2. 17 \tag{3-9}$$

在所采两煤样中，以实测较大的残存量为计算依据。

3.3.1.4　瓦斯涌出量反演瓦斯含量

煤层瓦斯涌出量，是指在矿井建设和生产过程中从煤与岩石内涌出采掘空间和抽入管道中的瓦斯量。瓦斯涌出量的大小与煤层瓦斯含量、开采深度、开采规模、开采技术等因素密切相关。煤层瓦斯含量越大，瓦斯涌出量越大，两者之间有很大的关联性。所以，可以根据瓦斯涌出量的资料来反算煤层瓦斯含量。矿井回采工作面的瓦斯来源主要有本煤层的瓦斯涌出、邻近层煤层瓦斯涌出和采煤工作面采空区瓦斯涌出。本煤层的瓦斯涌出主要由工作面煤壁和工作面连续落煤两部分组成，涌出量 Q 统计理论表达式为：

$$Q = K_1K_2K_3 \frac{m}{M}(W_0 - W_c) \tag{3-10}$$

式中　　K_1——围岩瓦斯涌出系数，K_1 取值范围为 1. 1~1. 3；

　　　　K_2——工作面丢煤瓦斯涌出系数，用回采率倒数计算；

　　　　K_3——采面巷道预排瓦斯影响系数；

　　　　m——开采层厚度，m；

　　　　M——采层采高，m；

　　　　W_0——煤层瓦斯含量，m³/t；

W_c——运出矿井后煤的残存瓦斯含量。

在已经获取回采工作面开采层瓦斯涌出量时，可按式（3-11）反算开采煤层的瓦斯含量：

$$W_0 = \frac{Q}{K_1 K_2 K_3} + W_c \qquad (3\text{-}11)$$

根据煤层瓦斯涌出量反算煤层瓦斯含量时，有些关键参数的准确测定是影响反演结果精确程度的主要因素，这些参数主要有开采层瓦斯涌出量、围岩瓦斯涌出量、巷道瓦斯预排瓦斯影响系数和采落煤残存瓦斯含量等。

3.3.2 瓦斯含量测定方法对比分析

煤层瓦斯含量是矿井瓦斯涌出量预测、煤与瓦斯突出预测及矿井瓦斯防治的重要依据。目前，获得煤层瓦斯含量的方法主要有 4 种，即勘探钻孔取样测定瓦斯含量、生产期间井下钻孔法测定瓦斯含量、间接法测定煤层瓦斯含量、煤层瓦斯涌出量反算瓦斯含量。

地勘解吸法测定煤层瓦斯含量在我国应用已有 20 多年，经淮南、淮北、铁法、沈阳、阳泉和焦作等矿区用间接法和实测的瓦斯涌出量反算煤层瓦斯含量等方法对比验证，解吸法瓦斯含量具有测值偏低、测值误差随煤层埋深增加而加大的缺陷。当煤层埋深小于 500m 时，约有 70% 的测值偏低 15%～25%；煤层埋深大于 500m，特别是 800m 以上时，约有 85% 的测值偏低 30%～50%，矿井生产期间直接测定的煤层瓦斯含量被认为是最接近原始瓦斯含量的方法，但其仍然存在着误差。在现有的技术和装备条件下，解吸瓦斯测定量和残存瓦斯量的计算误差可控制在很小的范围内，唯有损失量推算值偏低，目前还没有一种理想的解决方法。间接法测定瓦斯含量煤样无须密封，采样方法简单但是压力的测定值往往误差较大。原因主要为：（1）透气性差的煤层，若测压钻孔暴露时间过长（封孔不及时），压力上升到原始压力值需很长时间，有的甚至根本恢复不到原始压力值；（2）在涌水量较大的钻孔内测压，由于受水压影响，很难判断测值是瓦斯压力，还是水压力；（3）常规封孔测压，准备工作量大，消耗大，而且测定时间长，若钻孔的密封性不好，或测压系统的气密性达不到要求，很可能导致测压值偏低。运用瓦斯涌出量反演瓦斯含量的限制条件比较苛刻，影响的因素较多，反演结果精度较低。

3.4 煤层瓦斯涌出量预测

3.4.1 影响瓦斯涌出量的主要因素

经过大量资料表明，影响瓦斯涌出量的因素主要分为两大类，即自然影响因素和开采技术影响因素，两大因素共同决定着煤层瓦斯涌出量，也有许多其他因素，但是其他因素只能在局部区域影响瓦斯涌出量的大小，例如地质构造中的断层影响，断层两侧只能在断层区域内影响瓦斯含量的增加。

3.4.1.1　煤层和围岩的瓦斯含量

煤层（指可采层和非可采层）和围岩中的瓦斯赋存量的多少是影响瓦斯涌出量的至关因素，如煤层与围岩的瓦斯的含量越高，相应地就会增高瓦斯的涌出量，其瓦斯含量越低，相应地就会降低瓦斯涌出量。现在矿井中，普遍将预测煤层中的瓦斯含量的多少作为预测矿井瓦斯涌出量的重要理论根据。

3.4.1.2　开采规模

所采煤层赋存条件，生产矿井掘进方式方法、整个矿井的开采区域和矿井的综合产能等统称开采规模。开采煤层中的瓦斯含量与开采煤层的埋藏深度成正比，相应的瓦斯涌出量也与开采煤层埋藏深度成正比。

对某一特定的生产矿井来讲，随着煤层埋藏的深度增加，矿井开拓的方式方法、整个矿井的开采区域和矿井的产能相应改变，相应的也会增大矿井所采煤层瓦斯涌出量，但是相对瓦斯涌出量需要考虑到整个矿井的生产工艺、生产设备的先进因素、生产人员的结构等诸多因素，所以无法确定，只有对某一特定矿井的特定条件下的研究才能得出具体结论。如果生产矿井改用先进的生产方法，提高工作面的推进速度而增加单位产能，则相对瓦斯涌出量就会显著减少，其原因为：（1）与采煤、掘进等工作面不相关的瓦斯涌出源不会因为改进生产工艺而改变涌出量；（2）由于改进生产工艺，工作进度较过去会有较大的提升，单位产能提高的同时会加大落煤量和加大煤壁、围岩暴露表面积，从而加大了落煤中瓦斯残存量和临近层、围岩的瓦斯量。如果生产矿井改用先进的生产方法，提高工作面的推进速度而增加单位产能，则相对瓦斯涌出量只会有微量增加甚至不改变。

3.4.1.3　开采顺序与开采方法

在整个井田最初开采煤层或是开采首个煤层时，涌出的瓦斯来源包括已采煤层瓦斯的涌出和邻近层瓦斯的涌出，因此最初开采的煤层的瓦斯涌出量会远远大于其他开采的煤层。采煤过程中，开采技术、开采工艺越先进，回采的过程越快，瓦斯的涌出量越小。相反，开采技术、开采工艺越落后，回采工作面推进过程越慢，煤壁暴露的时间相应的越长，瓦斯涌出量也就越大。

3.4.2　矿山统计法预测煤层瓦斯涌出量

3.4.2.1　矿山统计法预测条件

目前，我国用于瓦斯涌出量预测的方法有二类：分源预测法和统计预测法。矿山统计预测法是根据生产矿井积累的实测瓦斯资料，经过统计分析，根据得出的矿井瓦斯涌出量随开采深度变化规律来推算新水平、新区或邻近新矿井的瓦斯涌出量。一般来说使用矿山统计预测法应具备以下条件：

（1）预测瓦斯涌出量的新水平、新区或邻近新矿井的矿山技术条件和地质条件，如煤层赋存、煤质、煤层开采顺序、开采方法、顶板管理、煤系地层岩性、地质构造等应与已生产区域相似。

（2）预测瓦斯涌出量的外推范围，一般沿垂深不超过 100~200m，沿煤层倾斜方向不超过 600m，沿走向应是中间无大的地质构造相邻区。

（3）在瓦斯带内，最少应具有两个已采水平的瓦斯资料；或在瓦斯带内有一个已采水平的瓦斯资料，但已知瓦斯风化带的深度，在该深度处的相对瓦斯涌出量取 $2m^3/t$。

（4）因为是以相对瓦斯涌出量作为依据，所以在统计预测中必须采用产量较稳定时的矿井瓦斯涌出量测定资料。

3.4.2.2　矿山统计法计算方法

A　已采区域瓦斯测定资料的统计分析

根据矿井通风瓦斯报表、瓦斯等级鉴定和其他瓦斯涌出量测定资料，一般按月计算矿井平均相对瓦斯涌出量（q，m^3/t），计算公式为：

$$q = \frac{14.4 \sum\limits_{i=1}^{n} Q_i C_i}{A \cdot n} \qquad (3\text{-}12)$$

式中　　Q_i ——该月内每次测得的回风量，m^3/t；

　　　　C_i ——风流中瓦斯浓度，%；

　　　　n ——该月内测定的次数；

　　　　A ——该月内的平均日产量，t。

如果该月内在一个水平开采，则 q 就是该开采深度（H）处的相对瓦斯涌出量。如果是多水平开采，则必须求出该月的加权平均开采深度（H_c），则 q 就是该加权平均深度（H_c）处的相对瓦斯涌出量。

B　加权平均开采深度的计算

加权平均开采深度的计算公式为：

$$H_c = \frac{n \sum\limits_{i=1}^{n} H_i A_i}{\sum\limits_{i=1}^{n} A_i}$$ （3-13）

式中　　H_i，A_i ——该月第 i 个采区的开采深度与产量；

　　　　　n ——该月开采的采区数。

C　推算深部水平的瓦斯涌出量

对统计所得的 q 及 H（或 H_c）值，可用图解法或计算法来确定二者之间的关系，并据此推算深部水平的矿井瓦斯涌出量。

3.4.2.3　煤层瓦斯抽采量统计

2004 年之前，矿井瓦斯抽采主要以煤层底板穿层钻孔抽采为主，煤层顺层钻孔抽采和巷道抽采为辅。2004 年以后，矿井抽采主要以煤层顺层钻孔抽采为主，煤层底板施穿层钻孔抽采为辅。矿井瓦斯历年抽采量见表 3-6。

表 3-6　矿井历年瓦斯抽采量统计　　　　　　　　　　（$\times 10^4 \mathrm{m}^3$）

年　份	当年抽采量	累计抽采量	备　注
1990	181.44	181.44	
1991	273.31	454.75	
1992	132.98	587.73	1. 自 1993 年 5 月统计抽采量。 2. 统计的抽采量以瓦斯抽采旬报表、月考核抽采量为基础
1993	348.79	936.52	
1994	373.18	1309.7	
1995	374.23	1683.93	

续表 3-6

年　份	当年抽采量	累计抽采量	备　注
1996	280. 67	1964. 6	
1997	282. 77	2247. 37	
1998	367. 92	2615. 29	
1999	378. 43	2993. 72	
2000	341. 64	3335. 36	
2001	417. 85	3753. 21	1. 自 1993 年 5 月统计抽采量。
2002	462. 53	4215. 74	2. 统计的抽采量以瓦斯抽采旬报表、月考核抽采量为基础
2003	482. 50	4698. 24	
2004	641. 76	5340	
2005	1145. 81	6485. 81	
2006	1205. 73	7691. 54	
2007	1144. 76	8836. 3	
2008	1198. 89	10035. 19	

通过瓦斯抽采，煤层瓦斯含量和涌出量大大降低，提高了瓦斯治理水平，主要表现在以下 3 个方面：

（1）降低了掘进工作面的瓦斯涌出量。预抽瓦斯之前，一个煤巷掘进工作面，断面为 $10.4 \sim 12.7 m^2$，单头月掘进超过 100m 时，工作面瓦斯涌出量高达 $10 m^3 / min$，平均百米巷道瓦斯涌出量为 $5.02 m^3 / min$，需要 4 台 28kW 的局扇同时供风才能将巷道回风流的瓦斯浓度降到 1% 以下。预抽瓦斯之后，同样断面的煤巷掘进工作面的瓦斯涌出量明显减少，平均百米煤巷的瓦斯涌出量仅为 $1.78 m^3 / min$（见表 3-7）。

表 3-7 抽采前后掘进工作面瓦斯涌出量对比

类别	工作面名称	掘进时间（年.月）	掘进长度/m	瓦斯涌出量 /$m^3 \cdot min^{-1}$	备　注
掘进前未抽采	102^{-1} 运输顺槽	1987.11	110	8.58	沿煤层顶板
	101^{-1} 运输顺槽	1986.6	88	6.6	沿煤层顶板
	104 运输顺槽（东）	1988.8	84	2.59	沿煤层顶板
	104 运输顺槽（西）	1989.1	74	2.84	沿煤层顶板
	104 回风顺槽（东）	1988.8	154	2.9	沿煤层顶板
	104 回风顺槽（西）	1989.3	76	4.4	沿煤层顶板
	109 顶板巷	2007.7	56	4.89	沿煤层顶板
	东 102 一号解突巷	2005.10	73	3.08	沿煤层顶板
平均百米瓦斯涌出量：5.02m^3/min					

类别	工作面名称	掘进时间（年. 月）	掘进长度/m	瓦斯涌出量/$m^3 \cdot min^{-1}$	备 注
掘进前预抽或边掘边抽	103 运输顺槽	1991.7	120	1.7	沿煤层顶板
	103 回风顺槽	1991.3	117	3.15	沿煤层顶板
	106 回风顺槽	1992.8	167	0.9	沿煤层顶板
	106 运输顺槽	1993.3	138	1.45	沿煤层顶板
	110 回风顺槽	1992.12	100	1.71	沿煤层顶板
	110 底板巷	1993.3	102	3.6	沿煤层底板
	109 回风	2005.5	76	2.23	沿煤层底板
	1112 机道	2008.5	112	1.87	沿煤层底板
平均百米瓦斯涌出量：1.78m^3/min					

（2）降低了回采工作面的瓦斯涌出量。抽采瓦斯之后的回采工作面的瓦斯涌出量大大降低，西一采区的 102^{-1} 工作面自 1990 年 4 月开采，随着工作面推进，瓦斯涌出量由 4 月份的 $5.5\,m^3/min$ 上升到 9 月份的 $10.56\,m^3/min$，上隅角瓦斯超限次数多达 51 次。通过实施抽采瓦斯之后，102^{-1} 工作面瓦斯涌出量及上隅角瓦斯超限次数明显降低（见表 3-8 和表 3-9）。

表 3-8　102^{-1} 工作面抽放前后瓦斯涌出量比较

项目名称	抽　放　前						抽　放　后		
时间	4 月	5 月	6 月	7 月	8 月	9 月	10 月	11 月	12 月
工作面风量/$m^3 \cdot min^{-1}$	1105	1418	1275	1300	1748	1120	1500	1440	1230
平均瓦斯浓度/%	0.50	0.53	0.53	0.59	0.55	0.94	0.64	0.52	0.47
产量/t	2340	3843	5417	5257	5427	1664	3275	8673	9758
绝对瓦斯量/$m^3 \cdot min^{-1}$	5.5	7.52	6.61	7.66	9.64	10.56	9.65	7.5	5.72
相对瓦斯量/$t \cdot min^{-1}$	114.9	87.42	54.30	85.0	79.3	274.2	130.3	37.4	26.2
上隅角瓦斯超限次		8	13	16	14		11	7	6

表 3-9　回采工作面瓦斯涌出量与抽采量关系

工作面	回采时间 （年．月）	绝对瓦斯涌出量		抽采量 /×10⁴m³	预抽时间 （年．月）
		平均/m³·min⁻¹	最大/m³·min⁻¹		
106⁻¹炮采	1993.11~1994.04	11.84	14.6	91.99	1992.01~1993.11
106⁻¹炮采	1994.04~1994.10	7.81	8.2	171.46	1992.01~1994.10
104⁻¹综采	1990.10~1993.01	6.13	9.74	66.07	1991.12~1993.01
104⁻¹综采	1993.02~1994.05	4.19	6.28	214.21	1991.12~1995.12

（3）降低了煤层的突出危险性。使用钻孔瓦斯涌出初速度值和钻屑量值预测工作面突出危险性，未抽采区域的超标次数大大超过已抽采区域的超标次数（见表 3-10 和表 3-11）。40 次预测指标超标的测定，70%发生在预抽瓦斯之前，矿井开展瓦斯抽采以后，煤巷掘进过程中，预测指标超标的现象大大减少，仅在少数巷道出现过超过突出指标临界值的情况，并伴有煤炮声等动力效应出现。

表 3-10　掘进工作面突出危险预测初速度值超标情况统计

测定时间 （年．月）	地　　点	超标（>4L）次数	最大值（l）	本区抽采时间 （年．月）
1990	101 运输顺槽	6	9.8	未抽
1990.9~1990.10	102 运输顺槽	5	11.8	未抽
1990.1~1990.5	104 新联络巷	4	8	1991.7~1995.12

续表 3-10

测定时间 （年．月）	地　　点	超标（>4L）次数	最大值（I）	本区抽采时间 （年．月）
1991	103 运输顺槽	1	7.1	1991.7 ~ 1994.5
1991.7 ~ 1991.8	103 回风顺槽	3	9.5	1991.7 ~ 1904.03
1990	103 回风顺槽	1	6	1991.7 ~ 1904.03
1991.8	103 抽放道	5	9.98	1991.7 ~ 1904.03
合计	超标 25 次			

表 3-11　掘进工作面突出危险预测钻屑量值超标情况统计

测定时间 （年．月）	地　　点	超标次数	最大值 S_{max} $/kg \cdot m^{-1}$	本区抽采时间
2005.05 ~ 2005.11	东 102 二号解突巷	4	8.7	未抽
2007.09 ~ 2008.01	2102 机道	4	6.8	未抽
2007.01 ~ 2007.05	2102 回风	4	6.8	未抽
2008.09	1112 回风	1	7.0	1991.12 ~ 2003.08
2009.02	1114 一号解突巷	1	7.0	2002.12 ~ 2008.05

测定时间 （年．月）	地　　点	超标次数	最大值 S_{max} /kg·m^{-1}	本区抽采时间
2009.06	1114 二号解突巷	1	10	2002.12~2008.05
合计		超标 15 次		

通过瓦斯抽采，煤层的瓦斯含量均有不同程度的减少。截至 2009 年 8 月底，矿井累计抽放瓦斯达 10035.19 万立方米，已采区各工作面的瓦斯抽采率从 11.7% 增加至 60.8%。

通过对矿井已采区主采煤层的瓦斯涌出规律的分析，其与矿井瓦斯赋存规律基本趋于一致，说明矿井主采煤层原始瓦斯含量与煤岩组分、地质构造特征、煤层顶底板岩性、煤层厚度及结构、煤层瓦斯成分分布的关系是合理的、科学的。

根据魏家地矿井瓦斯赋存规律，采用瓦斯地质统计法预测矿井主采煤层未采区域瓦斯涌出量有以下 4 个特征：

（1）构造煤分布区域（地质构造复杂区域）瓦斯涌出量大。根据断层、褶皱构造对瓦斯赋存的影响，预测井田南翼的 F_{1-2} 断层组构造影响带一煤层绝对瓦斯涌出量为 25~40m^3/min，靠近 F_3、F_{48} 断层上、下盘及 F_{46} 断层上盘 100~150m 的区域一煤层绝对瓦斯涌出量为 25~30m^3/min；三煤层靠近 F_3 断层上、下盘 100~150m 的区域绝对瓦斯涌出量为 10~25m^3/min。

（2）甲烷分布区域瓦斯涌出量大。根据井田煤层自然瓦斯成分对瓦斯赋存的影响，预计一煤层在 CH_4 分布区域，CH_4 的含量相对较高，绝对瓦斯涌出量达到 25m^3/min；在 N_2-CH_4 分布区域绝对瓦斯涌出量在 10~25m^3/min 之间；在 N_2-CO_2-CH_4 分布区域，CH_4 的含量比 N_2-CH_4 分布区域的 CH_4 的含量低，矿井绝对瓦斯涌出量达到 5~10m^3/min 之间；在 N_2 分布区域，CH_4 的含量最低，矿井绝对瓦斯涌出量达到 5m^3/min 左右。

三煤层在 CH_4 分布区域，CH_4 的含量相对较高，绝对瓦斯涌出量达到 10~25m^3/min；在 N_2-CH_4 分布区域绝对瓦斯涌出量在 5~10m^3/min 之间。

（3）煤层特厚及煤层结构复杂区域瓦斯涌出量大。根据煤层厚度及结构对瓦斯赋存的影响，预计一煤层厚度一般低于 10m 的区域，绝对瓦斯涌出量在

$10m^3/min$ 左右；煤层厚度高于 10m 的区域，绝对瓦斯涌出量一般为 $10\sim25m^3/min$。特别是一煤层在井田东部煤层特厚、结构特别复杂区域，瓦斯含量更高，预计绝对瓦斯涌出量在 $25\sim40m^3/min$。如东 102 工作面回风巷掘进期间绝对瓦斯涌出量高达 $17m^3/min$，个别地段顶板有瓦斯喷出的现象，该区域虽然经过三年的瓦斯抽采，预计工作面回采期间绝对瓦斯涌出量在 $25m^3/min$ 左右。

三煤层厚度低于 5m 的区域，绝对瓦斯涌出量在 $5m^3/min$ 左右，煤层厚度大于 5m 的区域绝对瓦斯涌出量预计一般在 $5\sim15m^3/min$，三煤层在井田西部煤层增厚区域，瓦斯含量高，预计绝对瓦斯涌出量在 $15\sim25m^3/min$。

（4）其他区域瓦斯涌出量随煤层埋深逐渐增高。一、三煤层顶板岩性为泥质粉砂岩或细、粉砂岩，无构造影响、煤层厚度稳定及结构简单，区域瓦斯涌出量分别为 $5\sim25m^3/min$、$5\sim15m^3/min$。

3.4.2.4　煤层瓦斯涌出量分析

魏家地矿井煤层无露头，煤层距地表垂深 $350\sim900m$，井田南翼煤层埋藏较浅，井田北翼煤层埋藏较深。矿井绝对瓦斯涌出量在 $12\sim55m^3/min$，相对瓦斯涌出量为 $10\sim164m^3/t$。矿井建设和生产期间煤层瓦斯涌出极不均匀且有煤与瓦斯突出现象。根据矿井历年瓦斯抽排量汇总表统计资料分析，矿井瓦斯涌出有以下 3 个特征：

（1）矿井首采层瓦斯涌出量大，且有煤与瓦斯突出现象。由于首采层在采掘过程中，围岩瓦斯和下部分层的瓦斯将同时得到释放，故瓦斯涌出量大。矿井自投产以来瓦斯涌出量呈正弦曲线变化趋势，有两个瓦斯涌出量升高的区间，1991~1994 年、2005~2007 年这两个时期绝对瓦斯涌出量最高达 $55m^3/min$。这是由于 1991~1994 年矿井属于开采一煤层的一分层时期，也是开采一煤层保护层时期；2005~2007 年属于开采一煤层未采一分层和开采三煤层的时期。1990年、1991 年、1992 年矿井还曾发生过煤与瓦斯突出动力现象，从矿井瓦斯鉴定资料来看，矿井开采首采层瓦斯涌出量相当大。

根据地震和地形形变测量资料表明：靖远大宝煤田处于多期且现在仍处于多期，现仍在活动的构造带上，由于构造应力犹如加工物件残余的应力一样，仍在岩体中得以残留保存，特别是近期仍在活动的新构造所产生的应力，就更加使煤层及其周围岩体处于高应力状态，这种高应力，使煤的物理力学性质严重破坏，吸附瓦斯的表面积增加，当采场接近构造高应力场时，破坏了处于平衡状态的高应力，即发生煤与瓦斯突出动力现象。

（2）煤层中游离瓦斯含量偏大，造成瓦斯含量与涌出量差异较大。煤层中瓦斯主要以吸附瓦斯为主，在外界条件恒定时，煤体中的吸附瓦斯和游离瓦斯处于平衡状态，当在外界条件（瓦斯压力等因素）发生变化或给予煤体冲击时，煤层中的吸附瓦斯和游离瓦斯平衡状态被破坏，游离瓦斯首先释放，然后吸附瓦斯才迅速加以补充，而魏家地矿井煤层中游离瓦斯含量偏大，这就造成了局部区域煤层瓦斯含量与涌出量差异较大情形，如靠近 F_{1-2} 断层组构造影响带的 102 工作面，煤层瓦斯含量为 3~4m³/t，但该区域瓦斯涌出量相当高，主采煤层瓦斯地质特征见表 3-12。

表 3-12 主采煤层瓦斯地质特征

煤 层 名 称	厚度/m	灰分/%	挥发分/%	瓦斯含量 /m³ · t⁻¹(燃)	煤的种类	$R_{o,min} \sim R_{o,max}$	变质阶段
一煤层	0.23~37.78	7.61~33.11	24.81~34.08	0.13~10.39		0.741~0.829	Ⅱ
	13.08	17.22	29.36				
二煤层	0.28~14.37			1.61~4.04	长烟煤		Ⅱ
	3.84						
三煤层	0.29~15.03	15.53~34.91	24.28~32.8	0.12~4.79		0.774~0.878	Ⅱ
	5.53	24.45	29.9				

（3）瓦斯涌出量随巷道掘进长度的增长呈线性增加。瓦斯的涌出可以看作是各种地质因素及人为因素的综合体。在魏家地矿井地质条件下，煤层巷道的瓦斯涌出量随掘进长度的增长而增加。根据对 104 运输道（东、西）、101 回风道、103 回风道、东 102 一号解突巷（沿煤层顶板巷掘进）、2301 二号解突巷等煤巷掘进工作面瓦斯涌出量（m³/min）与煤巷掘进长度（m）的关系进行数理统计分析后均发现，二者呈明显的正比例线性变化（见表 3-13）。

表 3-13　掘进巷道长度与瓦斯涌出量数学模拟表达式

巷 道 名 称	数 学 表 达 式	相关系数	统计工作范围最大值	
			掘进长度 L	瓦斯涌出量 Q
104 运输道（东）	$Q = 1.7025 + 0.0077L$	0.922	870	7.02
103 回风道	$Q = 0.039 + 0.0021L$	0.914	443	10.7
101 回风道	$Q = 5.23 + 0.012L$	0.841	384	10.29
104 运输道（西）	$Q = 1.64 + 0.0104L$	0.921	176	3.29
东 102 一号解突巷	$Q = 0.3956 + 0.0059L$	0.92	780	5.0
2301 二号解突巷	$Q = 0.018 + 0.0024L$	0.86	680	1.65

4 采空区覆岩采动破坏及瓦斯流动理论

地面垂直钻井贯穿整个煤岩层，受煤层采动卸压影响之后发挥最佳效果，因此本章主要对采空区上覆岩层运动变形规律进行理论分析。煤层开采后，采场上覆岩层原有结构受采动影响产生破坏变形，在垂直方向形成"三带"，即弯曲下沉带、裂隙带和垮落带，采场覆岩体的透气性得到大幅度提高。根据采空区瓦斯运移规律可知，采空区上覆岩层裂隙带及其下部垮落带岩体为瓦斯抽采的关键区域[181,182]。裂隙带为采空区瓦斯提供了运移通道，地面钻井抽采采空区瓦斯就是根据采空区上部覆岩产生的裂隙通道的理论，将抽采钻井施工到覆岩裂隙带，然后将高浓度瓦斯抽至地面。

4.1 采空区覆岩采动裂隙场分布规律

4.1.1 采动裂隙分类

上覆岩层采动裂隙是煤层开采后上覆岩层移动破断形成的，覆岩关键层破断后将形成"砌体梁"结构。煤层开采后在上覆岩层会形成两类裂隙：

（1）随岩层下沉破断形成的穿层裂隙，称为竖向破断裂隙（称之为"导气裂隙带"），沟通了上、下邻近煤岩层，为瓦斯流动提供了运移通道，这种裂隙仅在覆岩一定高度范围内发育。

（2）随岩层下沉在不同岩性层间形成的沿层面裂隙，称为离层裂隙。这种裂隙使煤岩层产生膨胀变形，从而将瓦斯卸压，并使卸压瓦斯沿离层裂隙流动[183]。

4.1.1.1 导气裂隙带的纵向判别

导气裂隙带内竖向破断裂隙发育，具有较高的渗透率，其范围内煤层瓦斯充分卸压解吸。导气裂隙带与传统导水裂隙带具有相同的特征，流体可以在上下竖向贯通的裂隙内流通。因瓦斯与水均为流体，且瓦斯动力黏度与水相比要小得多，瓦斯气体可以通过导水裂隙自由移动，即导水必可导气，因此可将导气裂隙带发育高度近似为导水裂隙带的发育高度，导气裂隙带发育高度的判别可由导水裂隙带发育高度的判别方法确定。

文献［184，185］通过现场实测与模拟实验研究发现，覆岩主关键层位置对导水裂隙带发育高度影响显著。当主关键层与开采层之间的距离小于 (7~10)m (采高) 时, 主关键层破断裂隙贯通成为导水裂隙, 且受主关键层控制, 同步破断的上覆岩层破断裂隙也会随之贯通成为导水裂隙, 导水裂隙带将发育至基岩顶部。当主关键层与开采层之间的距离大于 (7~10)m 时, 导水裂隙带发育高度将受亚关键层位置的影响, 和主关键层类似; 当亚关键层与开采层之间的距离小于 (7~10)m 时, 其破断裂隙会贯通成为导水裂隙, 且受该亚关键层控制, 同步破断的上覆岩层破断裂隙也会贯通成为导水裂隙, 导水裂隙将发育至临界高度 (7~10)m 上方最近的亚关键层底部。

根据关键层位置对导水裂隙发育带高度的影响规律, 文献 [186] 提出了基于关键层位置的导水裂隙带高度判别方法:

第一步, 收集工作面钻孔柱状资料, 这与《规程》预计方法需要收集的地质开采资料基本相同。

第二步, 采用关键层判别软件 KSPB 进行具体钻孔柱状条件下覆岩关键层位置的判别。

第三步, 计算关键层位置距开采煤层高度, 并判别关键层破断裂隙是否贯通。如关键层位置距开采煤层高度大于 (7~10)m, 则该层关键层破断裂缝是不贯通的; 如该层关键层位置距开采煤层高度小于 (7~10)m, 则该层关键层破断裂缝是贯通的, 且它控制的上覆岩层破断裂缝也是贯通的。

第四步, 确定导水裂隙带高度。当覆岩主关键层位于临界高度 (7~10)m 以内时, 导水裂隙将发育至基岩顶部, 导水裂隙带高度大于或等于基岩厚度; 当覆岩主关键层位于临界高度 (7~10)m 以外时, 导水裂隙将发育至临界高度 (7~10)m 上方最近的亚关键层底部, 导水裂隙带高度等于该关键层距开采煤层的高度。

4.1.1.2　导气裂隙带的横向分区

传统 "横三区" (煤壁支撑区、离层区、重新压实区) 对不同区域的岩层移动破坏特征进行了描述。钱鸣高院士提出了采动裂隙的 "O" 形圈理论, 进一步对采动覆岩移动和裂隙演化规律进行了研究, 为采动卸压瓦斯抽采与治理提供了理论指导。但是, 煤层开采后形成的导气裂隙会超出开采边界一定距离, 在开采边界外侧形成侧向裂隙区, 而上述 "横三区" 和 "O" 形圈理论均未涉及侧向裂隙区。对于采空区瓦斯抽采来说, 导气裂隙侧向裂隙区的发育形态对采空区连通性判别、区域划分及井网布置有很大影响, 根据不同区域导气裂隙的发育规律和形态特征, 将采空区导气裂隙带在倾向上划分为 3 个区域 (见图 4-1), 即 Ⅰ区——侧向裂隙区、Ⅱ区—— "O" 形圈裂隙区、Ⅲ区——重新压实区。

Ⅰ区——侧向裂隙区: 煤层开采后, 上覆煤岩层沿断裂线破断, 根据弹性基础梁理论，上覆岩层破断线位于开采边界之外一定距离[187~190]。另外，断裂线外侧煤岩体因水平应力降低而破坏，在集中应力的作用下，煤岩体内产生大量次生裂隙，大幅提高了煤岩体的透气性，因此在开采边界外侧一定范围内存在裂隙较为发育的侧向裂隙区。

Ⅱ区——"O"形圈裂隙区：此区域即为采动裂隙的"O"形圈范围，该区域内离层裂隙和竖向破断裂隙发育，煤岩体透气性较好。

Ⅲ区——重新压实区：随着回采工作面的不断向前推进，采空区中部覆岩下沉，破断、垮落的煤岩体被重新压实，压实区内部的采动裂隙重新闭合，因此，该区域的煤岩体透气性相对较差。

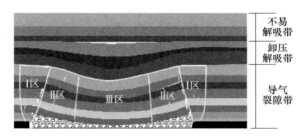

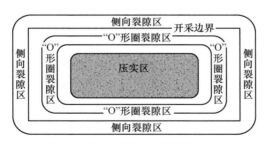

图 4-1 采空区导气裂隙带横向分区

4.1.2 采动裂隙场的动态演化

覆岩采动裂隙的发生、发展主要取决于覆岩关键层在综放开采过程中形成的"砌体梁"结构及其破断失稳形态。一般地说，覆岩 3.1~3.5 倍开采煤厚范围内破断裂隙较为发育，其上则以离层裂隙为主；而在切眼、工作面以及工作面上下风巷附近，由于煤壁的支撑作用，上部覆岩裂隙也较为发育；在采空区中部，垮落的岩石及规则移动的岩体将覆岩裂隙基本压实，将其形态推广至整个回采三维空间，就是一个采动裂隙发育带。

从开切眼开始，随着工作面的推进，采动裂隙不断发育，采空区中部采动裂隙最为发育，此为采动裂隙发展的第一阶段。当采空区面积达一定值后，持续的采动影响到覆岩关键层的稳定，在关键层破断后，采空区中部的采动裂隙趋于压实，而在采空区两侧仍然各保持一个裂隙发育区，此时进入采动裂隙发展的第二阶段。

4.1.3   "O" 形圈理论与地面钻井抽采瓦斯的关系

随着回采工作面向前推进，采空区上覆岩层将经历顶板的离层、垮落、覆岩裂隙扩展、上覆岩层弯曲下沉、破断等一系列过程。回采工作面推进一定距离后，采空区深部的岩层运动趋于相对静止，因煤层开采而形成的采动裂隙不再向外部继续扩展，采动裂隙的发育边界也基本稳定。工作面在经历数个因顶板周期垮落来压之后，采空区中部的采动裂隙因覆岩下沉而逐渐被压实，而采空区四周的离层裂隙因煤壁的支撑作用仍能够继续保持，形成"O"形圈裂隙分布形态。采动裂隙一方面为煤岩层的膨胀变形提供了发展空间，使煤岩层内吸附瓦斯充分卸压解吸，另一方面采动裂隙也为瓦斯运移提供主要通道，四周"O"形圈中的采空区瓦斯在较大裂隙中自由流动，而压实区内的瓦斯运移方式为细小裂隙的渗流。

虽然采空区压实区内的煤岩应力基本恢复到原岩应力状态，但是其内部的裂隙系统与原始煤岩相比较为发育，采空区压实区内遗煤及煤柱释放的瓦斯通过裂隙通道进入采空区四周的"O"形圈，由于采空区四周的离层裂隙相互连通，其中的瓦斯可以自由流动，因此布置在采空区"O"形圈裂隙区内的抽采钻孔瓦斯抽采效果都较好。但是，目前对采动裂隙"O"形圈发育形态的定量研究相对较少，而采动裂隙"O"形圈发育形态是采空区地面钻井井位布置的重要理论依据。

本煤层开采采空区瓦斯的一个重要来源就是邻近已封闭的老采空区，老采空区内部的瓦斯因裂隙导通有可能进入相邻的采空区，这是由于相邻采空区的采动裂隙侧向边界相互交汇处延伸发展。目前，国内外学者对采动裂隙发育高度的研究取得丰硕成果，但对采动裂隙侧向边界发育规律的研究相对较少。在采空区瓦斯抽采方面，相邻采空区导气裂隙侧向边界是否交汇是决定采空区之间连通性的重要判别依据，对采空区井网布置影响较大。

在明确采空区导气裂隙带发育高度的基础上对导气裂隙带进行横向分区，在倾向上，将老采空区导气裂隙带分为侧向裂隙区、"O"形圈裂隙区和重新压实区，对各个分区的发育形态进行影响因素研究，研究结果对采空区连通性判别、区域划分、地面钻井井位选择和井网布置具有重要的指导意义。

煤层瓦斯抽采方法大致可以分为两大类：（1）煤层采前抽采；（2）煤层开采过程中及采后的卸压抽采。地面钻井抽采瓦斯属于卸压瓦斯抽采技术。相对于开采煤层而言，卸压瓦斯可分为3类：（1）煤层卸压瓦斯；（2）邻近层卸压瓦斯；（3）上覆远距离煤层卸压瓦斯。

煤层卸压瓦斯的抽采可以看成是一个连续的三步过程：第一步，卸压瓦斯以扩散的方式从没有裂隙的煤体中向周围的煤体裂隙扩散；第二步，卸压瓦斯以渗流的方式沿采动裂隙流到抽采钻孔处；第三步，煤层瓦斯通过抽采钻井通道被抽采到地面加以处理利用。只要存在一定的负压，采空区周围煤岩体中的瓦斯解析后就会通过渗流不断地汇集到"O"形圈内。在整个抽采过程中，采动裂隙"O"形圈就是采空区附近卸压瓦斯的主要储存空间与流动通道。抽采钻井布置在裂隙发育稳定区内有利于卸压瓦斯流动到抽采钻井中，促进地面钻井瓦斯卸压抽采。因此，从服务时间和抽采效率上考虑，应该将地面瓦斯抽采钻井的终孔点尽可能布置在采动裂隙"O"形圈内。

4.2　采空区覆岩垮落碎胀特性分析

在近水平煤层的开采中，随着回采工作面的推进，直接顶岩层在自重力及其上覆岩层的载荷作用下，产生弯曲变形、移动。当其内部的拉应力达到岩层的抗拉强度极限时，直接顶岩层发生断裂、破碎，随后发生相继冒落，形成垮落带。垮落岩块大小不一，无规则地堆积在采空区内。根据垮落岩块的破坏和堆积形状，垮落带又可以分为不规则垮落带和规则垮落带。在不规则垮落带内，岩层完全失去了原有的层位，而规则垮落带的岩层基本上保持了原有的层位，位于不规则垮落带之上。垮落带的岩石具有一定的碎胀性，垮落岩块间隙大，连通性好，有利于气体运移流动。垮落后岩石的体积大于垮落前的原岩体积，具有一定的碎胀性，这是上覆岩层的垮落能自行停止的原因；同时，垮落岩石具有可压缩性，随着回采工作面的推进，采空区后方的垮落岩石将逐渐被压实。垮落带的高度主要取决于采厚和上覆岩石的碎胀性，通常为采厚的 3~5 倍。

实践中可以采用式（4-1）近似估算垮落带的高度 $h(\mathrm{m})$[183]：

$$h = \frac{m}{(k_\mathrm{p} - 1)\cos\alpha} \tag{4-1}$$

式中　m——开采煤层的厚度，m；

　　　k_p——岩石的碎胀系数；

　　　α——煤层的倾角，（°）。

为了便于采空区内岩体垮落碎胀特性分析，假定采场四周为实体煤，采空区呈长方体状，其垮落岩石因受四周固壁的支撑影响，中间部分承受上覆岩层压力作用，从而使得采空区碎胀特性具有明显的分区性。根据上覆岩层移动理论，分析综放开采后采空区顶板岩性和垮落岩体的破坏特征，可将其划分为三个区域，即自然堆积区、载荷影响区、压实稳定区。为了较真实地分析采空区内岩体垮落带碎胀特性，各个区域的碎胀系数需要分别计算。

4.2.1　采空区自然堆积区岩体碎胀特性

矿山岩体的碎胀特性可用顶板岩体破坏垮落后处于松散状态下的体积与整体状态下岩体体积之比（即碎胀系数）来表示。在距离煤壁约一个周期来压步距内，由于老顶下沉量很小，垮落岩体与其上部顶板间可能存在一定的空隙，因此，垮落岩体未承受压力，呈自然堆积状态，其碎胀系数 K_{P1} 可由式（4-2）计算[183]：

$$K_{P1} = \frac{m_1 + \sum h - \Delta h}{\sum h} \tag{4-2}$$

若开采方法为综放开采，由于目前大多数特厚煤层综放面回收率都未达到国家相关规定，故应考虑实际的采空区遗煤。设顶煤回收率为 c ，煤的碎胀系数为 K_{Pc} ，则其碎胀系数为：

$$K_{P1} = \frac{\sum h - \Delta h + m_1 + m_2 \left[1 - (1-c) \ K_{Pc} \right]}{\sum h} \tag{4-3}$$

式中　　m_1，m_2——煤层开采厚度及放煤高度，m；

$\sum h$——直接顶厚度，m；

Δh——垮落带岩体与顶板的间隙，m。

Δh 与直接顶岩体厚度及其碎胀系数有关，可通过相似模拟实验或现场测定获得。

4.2.2　载荷影响区碎胀特性

煤层开采后上覆岩层可能形成大结构，若此结构处于平衡状态，则其上覆岩层的重量将由此结构传递到煤壁前方及采空区已垮落的岩体上；若此结构因滑落或回转变形失稳，采空区垮落岩体无法阻止老顶断裂岩块回转所形成的"给定变形"，随着工作面的推进，垮落带岩体将很快处于承压状态。

按顶板下沉活动规律，老顶断裂岩块回转时对采空区可能形成影响的变形量表达为[183]：

$$S_L = \frac{L}{L_0} \left[m_1 + m_2 - \sum h (K_{P2} - 1) \right] \tag{4-4}$$

式中　　L——采空区中某点到煤壁的距离，m；

L_0——周期来压步距，m；

S_L——老顶在 L 处的下沉量，m；

K_{P2}——载荷影响区的碎胀系数，m。

结合式（4-4）推导原理，可知有以下几何关系：

$$m_1+m_2+\sum h = \sum hK_{P2}+m_2（1-c）K_{Pc}+S_L \tag{4-5}$$

整理可得载荷影响区冒落岩体碎胀系数：

$$K_{P2}=\frac{m_1+m_2+\sum h}{\sum h}-\frac{L_0(1-c)}{\sum h(L_0-L)}m_2K_{Pc} \tag{4-6}$$

4.2.3 压实稳定区碎胀特性

随着回采工作面向前推进，支撑压力不断前移，经过一段时间的重新压实，采空区遗煤的残余碎胀系数近似为1，据此由式（4-6）可计算 C 区内岩体碎胀系数 K[183]：

$$K_{P3}=\frac{m_1+m_2+\sum h}{\sum h}-\frac{L_0(1-c)}{\sum h(L_0-L)}m_2 \tag{4-7}$$

据对我国一些矿井的观测，当 L 达到足够长时，K_{P3} 趋于恒定。

4.3 采动区渗透性分析

4.3.1 采动区岩石的多孔介质特性

1972年，J·贝尔用表征单元体作为控制单元，应用质量守恒和动量守恒定理导出了多孔介质中岩石渗流微分控制方程。他认为，表征单元体应当小于整个研究区域的尺寸，否则平均的结果不能代表多孔介质中任一点所发生的现象，其次，表征单元体必须远远大于单个孔隙，且必须包含足够数目的孔隙，按连续介质概念进行统计平均才有意义。而当介质为非均质时，当介质的孔隙度在空间上发生变化时，表征单元体长度的上限应当是特征长度，其下限与孔隙或颗粒的大小有关。

孔隙率是多孔骨架的基本特性，故可通过其概念定义典型单元体。假设 P 是多孔介质中一个数学点，以 P 为形心取一体积 V，则根据孔隙率的定义有：

$$n=\frac{V_v}{V} \tag{4-8}$$

式中，V_v 是 V 中的孔隙体积。

为了真正反映渗流场内各物理量的特征，可考虑一个比单个孔隙或颗粒大得多的球体体积（P 为质心点），随机取定 V 值，当 V 值取至某个体积时，孔隙率

趋于某一平均值 n ，此时的 V 称为典型体元，记为 V_0。因此，可以用典型体元 V_0 来定义任意点的孔隙率 $n(P)$，即

$$n(P) = \lim_{V \to V_0} \frac{V_0}{V} \qquad (4\text{-}9)$$

上述孔隙率是在一定体积范围内取平均值，属体（积）孔隙率。

关于多孔介质，渗流力学认为：（1）孔介质占一部分空间；（2）在多孔介质所占据的范围内，固体相应遍及整个多孔介质；（3）至少构成空隙空间的某些孔洞应当互相连通。

对于采动所形成的覆岩裂隙带及采空区的垮落带和规则移动带，对应上述多孔介质的定义，可以认为：采动裂隙带及采空区是由瓦斯气体、空气和固体岩块组成的；裂隙带和采空区岩块之间的空隙相对整个覆岩范围和采空区范围是比较小的，裂隙带和采空区各岩块之间的空隙是相互连通的。

4.3.2　采动区渗透系数

渗透系数是研究渗流场的一个极其重要的参数，它不仅取决于多孔介质的空隙性，还决定于渗流气（液）体的物理性质。任一相流体的流动是由多孔介质的渗透率控制的，该渗透率可通过现场测量或理论/经验公式得到。根据多孔介质是否是原始的或包含裂隙网络的，有不同的公式用于估算多孔介质的渗透率。多孔岩石的渗透率是关于采动应力和采动裂隙的高度非线性的动态函数。因此，正确地估计初始渗透率和计算因采动影响造成的渗透率的变化非常重要。已经有许多学者试图建立渗透率和应力场的关系，20 世纪早期，Graham 针对多种气体在煤体中的渗透率进行了实验研究；Fatt 和 Devis 是最早的研究覆岩压力对岩石渗透率影响的学者。还有许多学者研究了流体静应力和应力对煤体渗透性的影响。另有学者试图将三轴应力场（与井下条件相似）对渗透率的影响进行量化分析。

由多孔介质的 Carman 公式，可得离层裂隙发育区内平均渗透系数 $\overline{K}$ 的计算公式[163]：

$$\overline{K} = \frac{D_m^2 \, \overline{n}^2}{180(1 - \overline{n}^2)} = \frac{D_m^2 \, \overline{n}^2 \, (1 - r_b)^2}{180 r_b^2} \qquad (4\text{-}10)$$

式中，D_m 为离层裂隙区内破断岩块的平均粒径，m。

采空区中部压实带，其渗透系数计算公式为：

$$\overline{K} = \frac{D_m^2 \left(1 - \dfrac{1}{K_P} \right)^2}{180 \left(\dfrac{1}{K_P} \right)^2} = \frac{1}{180} \overline{K}_P^2 \left(1 - \frac{1}{K_P} \right)^2 \qquad (4-11)$$

式中　$\overline{K}_P$ ——裂隙区岩体平均碎胀系数；

　　　$\overline{n}^2$ ——采动裂隙带内由离层引起的平均空隙率；

　　　r_b ——关键层离层率,%。

由式（4-10）和式（4-11）可以看出离层裂隙发育区内平均渗透系数与破断岩块平均粒径、孔隙率有关，采空区中部压实带渗透系数与裂隙区岩体平均碎胀系数、离层裂隙区破断岩块的平均粒径有关。

4.4 瓦斯运移规律理论

4.4.1 采空区破碎岩体内瓦斯流场分析

一般情况下，矿井瓦斯气体密度是空气密度的 55.4%，当矿井空气有瓦斯气体存在时，因瓦斯与空气的密度差而造成瓦斯上浮，容易出现巷道高冒区瓦斯积聚的现象。因采场覆岩断裂带的存在，瓦斯会在破断裂隙发育区上升，并积聚在断裂带顶部的离层发育区。由于采场漏风和瓦斯抽采负压的作用以及上、下风巷压差的驱动，采空区上部孔隙裂隙空间将充满流动气体（瓦斯或瓦斯-空气混合气体）。

在覆岩采动裂隙内，因采空区遗煤和邻近含瓦斯煤岩层中瓦斯的大量涌出，使混合气体中的瓦斯浓度分布发生变化，影响混合气体的密度及黏度。气体密度及黏度变化又改变了气体的流动速度和分布情况，从而导致混合气体中的瓦斯浓度发生改变，因此，瓦斯浓度的分布与混合气体的流动相互影响、相互作用，即渗流场与浓度场的耦合作用。同时瓦斯是在覆岩裂隙中流动，随着工作面向前推进，覆岩裂隙带是动态变化的，导致空隙发生变化，从而使煤岩体的透气性发生改变，于是气体在孔隙、裂隙的流动状况受孔隙压力变化的影响。因此，覆岩裂隙带中瓦斯流动是一个渗流场、浓度场和变形场动态耦合的过程。

4.4.2 瓦斯运移规律理论分析

采空区瓦斯是采场瓦斯构成的重要组成部分。采空区瓦斯会随着回采工作面有风流带动作用涌入采场空间，相邻采空区垮落煤岩的孔隙与裂隙中的瓦斯也会涌入采场作业空间。采空区的垮落的煤岩是形成孔隙和裂隙的骨架，在研究采空区气体流动规律时，应该把垮落岩石及其孔隙与裂隙视为孔隙介质。因此"二元"体系混合气体（瓦斯和空气的混合）在采空区中的运动，实际上是采空区多孔介质的渗流运动。

由于采空区内的垮落岩石中孔隙和裂隙的形状、大小、连通性不同，彼此形成的裂隙通道表现为纵横交错、形状复杂的网络通道，因而在不同孔隙中或同一孔隙的不同部位，气体的流动状态也不尽相同。在众多工程实际研究中，学者们更关心的是流体的宏观结构和运动，从宏观角度看，流体的结构和运动表现出明显的连续性、均匀性，而且遵从一定的规律，可以被视为连续流研究。

采空区瓦斯与空气混合气流速分布变化很大，层流、紊流、过渡流区同时存在。因此，瓦斯混合气体在采空区内的扩散运动包括对流扩散、紊流扩散和分子扩散，最终形成了采空区内的瓦斯浓度分布规律。另外，由于采空区垮落岩石堆积方式的随机性，可将采空区视为各向同性的非均匀介质场，采空区内混合气流动属于各向同性三维多孔介质内混合气非线性渗流及扩散传质问题。

5　采空区气体运移规律及抽采控制技术

5.1　数值模拟方法及原理

5.1.1　CFD 模拟方法及离散方式分类

CFD 是计算流体力学的简写（Computational Fluid Dynamics，简称 CFD），其基本的定义是通过计算机进行数值计算和图像显示，分析包括流体流动和热传导等相关物理现象的系统。CFD 进行流动和热传导现象分析的基本思想是用一系列有限个离散点上的变量值的集合来代替将空间域上连续的物理量的场，如速度场和压力场；然后，按照一定的方式建立这些离散点上场变量之间关系的代数方程组，通过求解代数方程组获得场变量的近似值。

CFD 可以看成在流动基本方程（质量守恒、动量守恒、能量守恒）控制下对流动的数值模拟。通过这种数值模拟，得到复杂问题基本物理量（如速度、压力、温度、浓度等）在流场内各个位置的分布，以及这些物理量随时间的变化情况，确定漩涡房屋内部特征、空间特性及脱流区等。还可以据此计算出相关的其他物理量，如旋转式流体机械的转矩、水力损失和效率等。此外，与 CAD 联合还可以进行结构优化设计等。

CFD 具有适应性强、应用面广的优点。由于流动问题的控制方程一般是非线性的，自变量多，计算域的几何形状和边界条件复杂，很难求得解析解，只有用 CFD 的方法才可能找出满足工程需要的数值解；而且，可利用计算机进行各种数值试验，例如，选择不同流动物理模型和实验模型的限制，省钱省时，有较多的灵活性，能给出详细和完整的资料，很容易模拟特殊尺寸、高温、有毒、易燃等真实条件和实验中只能接近而无法达到的理想条件。

CFD 也存在一定的局限性。首先，数值解法是一种离散近似的计算方法，依赖于物理上合理、数学上实用，适合于计算机上进行计算的离散有限数学模型，且最终结果不能提供任何形式的解析表达式，只是优先数量离散点上的数值解，并有一定的计算误差；其次，他不像物理模型实验一开始就能给出物理现象并定性地描述，往往需要由观测或物理模型试验提供某些流动参数，并需要对建立的数学模型进行验证，而且程序的编制及资料的收集、整理与正确利用，在很大程度上依赖于经验与技巧。此外，因数值处理方法等原因有可能导致计算结果的不真实，例如产生数值黏性和频数等伪物理效应。最后，CFD 涉及大量数值计算，需要较高的计算机软硬件配置。

CFD 方法与传统的理论分析方法、实验测量方法组成了研究流体流动问题的完整体系。CFD 数值模拟与理论分析、实验观测是相互关联、相互促进的关系，但不能完全代替，三者各有各的使用场合。在实际工作中，需要三者有机结合。

近十年来，CFD 有了很大的发展，所有涉及流体流动、热交换、分子输运等现象的问题，几乎都可以通过计算流体力学的方法进行分析和模拟。CFD 不仅作为一个研究工具，而且还作为涉及工具在水利工程、土木工程、环境工程、食品工程、海洋结构工程、工业制造等领域发挥了巨大作用。对这些问题的处理，过去主要借助于基本的理论分析和大量的物理模拟实验，而现在大多采用 CFD 的方式加以分析和解决，CFD 技术现已发展到完全可以分析三维黏性湍流及漩涡运动等复杂问题的程度。

CFD 的求解过程包括了建立控制方程、确定边界条件与初始条件、划分计算网格、建立离散方程、离散初始条件和边界条件、给定求解控制参数、求解离散方程、判断解的收敛性、显示和输出计算结果等步骤。为了便于用户将主要的精力集中在基本的物理原理上，目前已经有很多优秀的 CFD 商用软件投入使用。

由于采空区内部结构的复杂性，人不可能进入其内部进行现场数据观测，因此不能得到可靠的内部数据，只能通过周围巷道来获得一些边界条件。而且，采空区气体流动的控制方程一般也是非线性的，自变量多，计算域的几何形状和边界条件复杂，很难求得解析解，而用 CFD 方法则有可能找出满足工程需要的数值解，从而克服现场试验和方程解析方法的弱点，在计算机上实现一个特定的解算，并将其结果在计算机屏幕上进行显示，从而形象地再现采空区气体流动状况。关于采空区的气体流动问题，其 CFD 模拟原理如图 5-1 所示。

5.1.2　FLUENT 数值模拟软件介绍

FLUENT 是目前处于世界领先水平的 CFD 软件之一，是用于模拟具有复杂外形的流体以及热传导的计算机程序，FLUENT 软件采用 C/C++语言编写，从而大大提高了对计算机内存的利用率，因此，动态内存分配、高效数据结构、灵活的求解控制都是可能的。除此之外，为了高效执行、交互控制以及灵活地适应各种机器与操作系统，FLUENT 使用 client/server 结构，因此它允许同时在用户桌面工作站和强有力的服务器上分离地运行程序。

目前，FLUENT 已被广泛地应用于流体流动、传热、燃烧和扩散等问题。该软件设计基于"CFD 计算机软件群的概念"，针对每一种流动的物理问题的特点，采用适合的数值解法，使计算速度、稳定性和精度等各方面达到最佳。该软

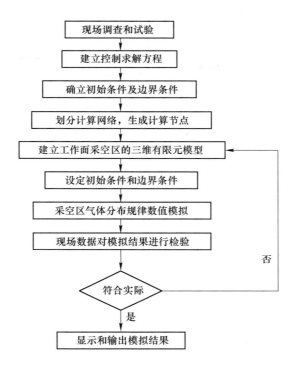

图 5-1　CFD 模拟原理示意图

件将不同领域的计算软件组合起来，成为 CFD 软件群，这些软件之间可以方便地进行数值交换，主要包括 GAMBIT、几何图形模拟以及网格生成的预处理程序。可生成供 FLUENT 直接使用的网格模型，也可以将生成的网格传输给 TGrid，由 TGrid 进一步处理后再传给 FLUENT。

　　FLUENT 软件的解算器对于可压缩与不可压缩流动，稳态和非稳态流动，无黏流、层流及湍流，牛顿流体及非牛顿流体，对流换热（包括自然对流和混合对流），导热与对流换热耦合，辐射换热，惯性坐标系和非惯性坐标系下的流动，多运动坐标系下的流动，化学组分混合与反应，多孔介质流动，两相流，复杂表面形状下的自由面流动等问题都可以进行较好地模拟。因此，FLUENT 软件被广泛地应用于流体流动、传热、燃烧和扩散等问题。

5.2　模型建立及参数选取

5.2.1　采空区气体运移规律理论研究

　　在采空区中取一个微小单元体，即控制体。其具有的特征为：小控制体是固定在空间上的一个确定体积，任其中的流体怎样流经这个控制体，它的体积、形状和位置保持不变。这就要求，单元体一方面要足够大，使其含有相当多的煤岩块体和孔隙，以便得到一些与孔隙介质有关的稳定的有意义的物理量；另一方面，这个单元体又要选取的足够小，使其与整个采空区相比可以近似为一个点，从而使整个采空区看成是由孔隙介质质点所组成的多孔连续介质。设单元体形心 C 的坐标为 (x, y, z)，边长分别为 dx、dy、dz。在瞬时经过 C 点的流速 u_i 在各轴上的投影分别为 u_x、u_y 和 u_z，密度为 ρ。

定义 $K(r, L)$ 为多孔介质内部以 r 点为中心，边长为 L 的立方体，则 $K(r, L)$ 实际上定义了一个测量单元，测量单元 $K(r, L)$ 的孔隙度为：

$$\varphi(r, L) = \frac{V[P \cap K(r, L)]}{V[K(r, L)]} \tag{5-1}$$

假设控制体内有源项，强度为 W_g 主要是煤体解析出的瓦斯量，且控制体内还有汇项，强度为 W_s，主要是通过瓦斯抽采措施抽出的瓦斯量。现在计算六面体内流体质量的变化，首先计算通过六面体表面的流体质量。

在 dt 时间内气体流入和流出控制体的质量差量为：

$$dM = dM_x + dM_y + dM_z = \left[\frac{\partial(\rho u_x)}{\partial x} + \frac{\partial(\rho u_y)}{\partial y} + \frac{\partial(\rho u_z)}{\partial z}\right]\varphi dxdydzdt \tag{5-2}$$

另外，考虑强度为 W_g 的源的作用，dt 时间内流入的瓦斯质量为：

$$dM_{wg} = W_g ndxdydzdt \tag{5-3}$$

同时，考虑强度为 W_s 汇项的作用，dt 时间内流出的瓦斯质量为：

$$dM_{ws} = W_s ndxdydzdt \tag{5-4}$$

根据质量守恒定律，有：

$$dM + dM_{wg} - dM_{ws} = 0 \tag{5-5}$$

将式（5-2）～式（5-4）代入式（5-5）中，可得由渗流速度表示的连续方程：

$$\frac{\partial(\rho u_x)}{\partial x} + \frac{\partial(\rho u_y)}{\partial y} + \frac{\partial(\rho u_z)}{\partial z} + W_g - W_s = 0 \tag{5-6}$$

即

$$\text{div}(\rho u_i) + \rho_{CH_4} w_g - \rho_{CH_4} w_s = 0 \tag{5-7}$$

式中　ρ_{CH_4}——瓦斯的密度；

w_g——单位时间、单位体积内煤体解析出的瓦斯体积量；

w_s ——单位时间、单位体积内通过瓦斯抽采措施抽出的瓦斯体积量。

5.2.2 采场的几何模型及网络划分

魏家地矿东 102 工作面为东一采区首采工作面，布置在一煤层中，针对该工作面建立了基本模型以了解瓦斯在采空区中的运移规律及地面钻井对于采空区瓦斯运移的影响。基本模型的宽度为 400m，采空区的裂隙发育区高 120m。进风巷和回风巷的高度为 3.0m，巷道宽度为 4.0m，长度为 30m。本模型将进风巷进风位置设为坐标原点即（0，0，0）点，将采空区深度方向设为 X 轴，工作面方向设为 Y 轴，高度方向设为 Z 轴，地面钻井终孔位置位于距工作面 100m，距风巷 30m，距煤层底板高为 36m，地面钻井终孔坐标为（130，105，36）。表 5-1 提供了有关建模参数的详细信息。

表 5-1 东 102 工作面 CFD 模型模拟的基本参数

模型参数	参数值
工作面尺寸	长 400m、宽 135m、高 120m
巷道尺寸	宽 4m、高 3.0m（12m^2）
CFD 模型尺寸	高 120m
通风系统、风量	U 形通风
采空区瓦斯涌出量	
气体组分	100%
采空区瓦斯抽放	无采空区瓦斯抽采钻孔
地面钻井位置	距工作面 100m，风巷 30m，底板 36m

应用商业的 CFD 程序 FLUENT 来模拟长壁工作面采空区瓦斯的流动规律。根据实际的矿井布局，东 102 工作面的 CFD 模型是通过 FLUENT 的 Gambit 前处理器进行构建和划分网格的，约 500000 个单元格，如图 5-2 所示，随之导入解算器进行模拟。三维的 FLUENT 模型可包含四面体、六面体、棱锥体或楔形单元

（或者它们的组合）。此次是以六面体进行网格划分的。图 5-2 是长壁工作面瓦斯流动的 CFD 模型的网格划分。

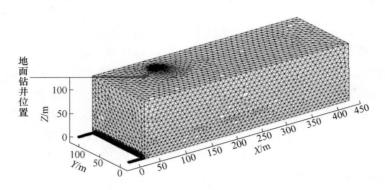

图 5-2   采空区几何模型及网格图

5.2.3   模型主要参数确定

用 FLUENT 模拟采空区瓦斯流动过程中最为重要的基本参数是渗透率和孔隙率。渗透率是在一定流动驱动压力推动下，流体通过多孔材料的难易程度，代表了多孔介质对流体的传输性能，渗透率只与多孔介质本身的骨架结构特性有关，反映了该多孔介质的渗透能力，也称内在渗透率或绝对渗透率，可以理解为多孔介质中孔隙通道面积的大小和孔隙弯曲程度。一般情况下认为采空区渗透率与孔隙率呈正比。根据前人研究，渗透率与孔隙率的指数关系方程为：

$$K = 2 \times 10^{-5} g^{19.23\varphi} \tag{5-8}$$

式中 K ——采空区渗透率；

φ ——采空区孔隙。

从采动时顶板岩石冒落到采空区后方压实的过程看，采空区内部介质是非均质的多孔介质。具体表现就是采空区介质的孔隙率不是一个常数，而是与空间位置有关。通过前人研究的成果得知，位于采空区中部的离层裂隙基本被压实，采空区四周存在一联通的离层裂隙发育区，即"O"形圈。"O"形圈范围内的介质孔隙率相对较大。因此，在走向上远离工作面的采空区的孔隙率变小，到压实稳定区的孔隙率也基本稳定，在切眼附近位置又会增大。在沿倾向上，由于受悬臂梁结构的影响，在采空区内上、下两巷位置孔隙率较大，而在采空区中部距离上、下两巷位置较远，毗邻走向中轴线的采空区孔隙率基本稳定，如图 5-3 所示。

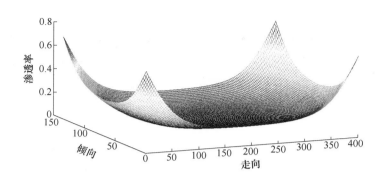

图 5-3　采空区孔隙率分布

5.3　地面钻井抽采对采空区瓦斯流场的影响

5.3.1　地面钻井抽采时采空区瓦斯分布规律

图 5-4、图 5-5 所示为地面钻井抽采时工作面采空区瓦斯体积分数分布图，该图显示了地面钻井抽采对东 102 工作面采空区的瓦斯浓度影响情况。

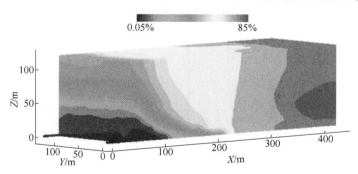

图 5-4　采空区瓦斯三维分布图

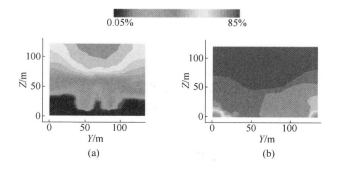

(a)　　　　　　　　　　　　(b)

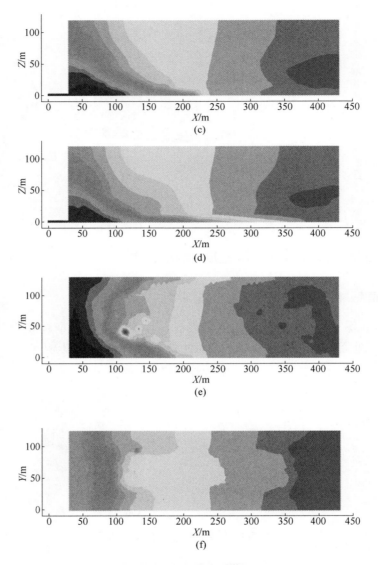

图 5-5 不同切面瓦斯体积分数分布图

（a）$X=50m$；（b）$X=150m$；（c）$Y=0m$；（d）$Y=135m$；（e）$Z=10m$；（f）$Z=50m$

5.3.1.1 采场瓦斯三维空间分布规律

地面钻井抽采后瓦斯浓度变化规律与抽采之前相同，但经地面钻井抽采后采空区内瓦斯浓度整体下降，特别是在工作面附近瓦斯低浓度区域明显扩大。

5.3.1.2 倾向上的瓦斯分布规律

在倾斜方向上瓦斯分布规律与地面钻井未抽采时类似，近工作面的区域，采空区瓦斯浓度场沿进风巷至回风巷的方向逐渐增大，远离工作面区域，先增大后减小。与地面钻井未抽采前进行比较不难发现，回风巷一侧瓦斯浓度场降低明显并且低瓦斯浓度场区域变大。在 $X=50m$ 截面上，在采空区中部位置低瓦斯浓度场在 Z 方向上有所扩展，其主要原因是地面钻井位于底板 36m 处，其抽采负压会使低水平面的瓦斯运移到高水平面，在高平面上由于地面钻井的存在使得地面钻井周围氧气浓度较低，最低浓度达到 30%。

5.3.1.3 走向上的瓦斯分布规律

与地面钻井未抽采时类似，采空区内越远离工作面处，瓦斯浓度越高，但在靠近回风巷一侧，可以明显看出在低水平面上，低瓦斯浓度场区域沿走向方向扩展。而在高水平面上这种变化规律则不明显。同时地面钻井抽采后靠近工作面区域瓦斯浓度变化梯度要高于采空区深部，这是由于工作面进、回风巷及地面钻井抽采负压共同影响造成的，而且在高平面上由于地面钻井的存在使得地面钻井周围氧气浓度较低，最低浓度处只有 30%，如图 5-5（b）所示。

5.3.1.4 在不同 z 平面高度上的瓦斯分布规律

与图 5-5（e）和图 5-5（f）进行比较可以发现，在 $Z=10m$ 平面上靠近回风巷一侧，瓦斯低浓度区域较地面钻井未抽采时扩大。在 $Z=50m$ 平面上，由于地面钻井的抽采作用，回风巷一侧的瓦斯通过地面钻井流出采空区，造成地面回风巷一侧瓦斯浓度较小，且在图 5-5（f）中明显看出地面钻井位置瓦斯浓度场较低，说明地面钻井处的瓦斯供给量小于地面钻井抽采瓦斯量。

通过图 5-6 可以发现，瓦斯低浓度区域较地面钻井未抽采基本形状类似，但

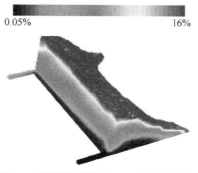

0.05%   16%

图 5-6   瓦斯浓度高于 16%采空区分布

范围扩大，由于地面钻井抽采负压的作用，采空区内漏风流场扩大，使得采空区内部的高浓度瓦斯得到稀释，瓦斯浓度下降，特别是在上隅角区域瓦斯降到安全值以下。

5.3.2 地面钻井对于采空区漏场的控制

图 5-7 和图 5-8 所示分别为地面钻井抽采前和地面钻井抽采后不同 Z 截面速度矢量图。

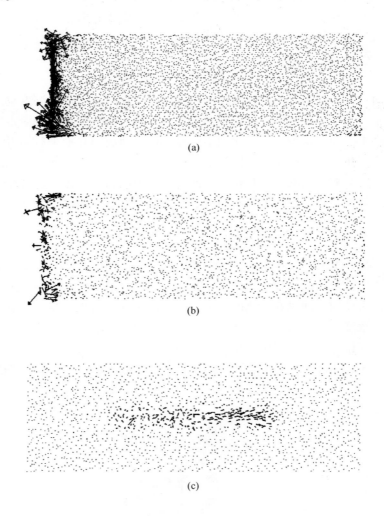

(a)

(b)

(c)

图 5-7 地面钻井未抽采时不同 Z 截面速度矢量图

（a）$Z=10$m；（b）$Z=30$m；（c）$Z=50$m

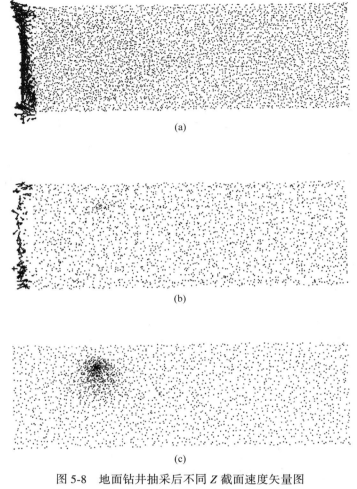

图 5-8　地面钻井抽采后不同 Z 截面速度矢量图
（a） $Z=10\text{m}$；（b） $Z=30\text{m}$；（c） $Z=50\text{m}$

（1）从图 5-7（a）和图 5-7（b）可以看出，采场风流从进风巷流入，主要流经工作面与支架部分，经回风巷流出。

（2）从图 5-7 可以看出，漏入采空区的风流相对很小。风流在采空区形成立体的流场，在相当于巷道高度的平面高度范围内的流速较大，在高于巷道高度 z 平面位置的流速相对较低，且越接近顶板的 z 平面位置的流速越低。

（3）从图 5-7 可以看出，越靠近工作面的漏风流流速越大，而越深入采空区内部，漏风流越小。

（4）从图 5-8 可以看出，地面钻井抽采后流向工作面的漏风流减小，在 $Z=$ 30m 平面上，地面钻井已经影响采空区漏风场流场分布，在 $Z=50\text{m}$ 处明显看出，采空区漏风流向地面钻井，在地面钻井附近聚集。

5.4　采空区瓦斯抽采控制技术

5.4.1　顶板走向高位钻孔瓦斯抽采控制技术

根据矿山压力理论，随着工作面向前推进，在工作面周围将形成一个采动压力场，采动压力场及其影响范围在垂直方向上形成三个带，由下向上分别为垮落带、断裂带和弯曲带。在水平方向上形成三个区，沿工作面推进方向分别为重新压实区、离层区和煤壁支撑影响区[191]。随着工作面向前推进，采动压力场是随时空变化的。这个采动压力场中形成的大量裂隙，为瓦斯在采空区上覆岩层中的运移和存储提供了通道和空间，为顶板走向钻孔的随采随抽提供了条件。

从回风巷中每间隔150m施工一个斜巷进入煤层顶板，在煤层顶板中开挖钻场。从钻场中向工作面方向施工顶板走向钻孔，钻孔数量一般为10～15个左右，钻孔长度一般为170m左右，钻孔开口位置一般在煤层顶板以上5m左右，沿倾斜方向钻孔控制风巷向下40m的范围。为了保证工作面过钻场时顶板钻孔的抽采效果，前后钻场压茬不小于20m，如图5-9所示。由于采空区顶板裂隙发育是时

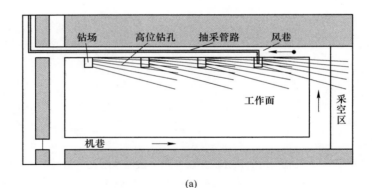

(a)

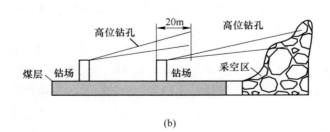

(b)

图 5-9　顶板走向高位钻孔布置示意图
（a）平面图；（b）走向剖面图

间的函数，因此在垂向上钻孔终孔所处层位与工作面推进速度有关，钻孔终孔一般布置在垮落带顶部和裂隙带下部区域，当工作面推进速度较快时，需适当降低钻孔布置层位，否则瓦斯抽采效果不好。在工作面采动作用下，上覆岩层冒落，形成裂隙。在孔口负压和瓦斯浮力的作用下，大量采空区瓦斯进入顶板裂隙中，并沿顶板走向钻孔进入矿井抽采管网被抽出。该方法是防止"U"形通风工作面上隅角瓦斯积聚、超限的主要方法之一。

煤层开采后，其后方形成采空区，并出现卸压空间，造成上覆岩层移动，产生卸压作用，在岩层裂隙的垂直方向形成"三带"，即弯曲下沉带（形成层内层向裂缝网络通道）、断裂带（形成层向与垂向裂缝网络通道）以及垮落带（形成贯通采场的空洞与裂缝网络通道）[192,193]。这"三带"随着采煤工作面的推进发生着动态变化，影响着本煤层以及邻近煤（岩）层瓦斯的涌出。采空区上方的顶板岩层由于自身重力的作用，弯曲、断裂、破碎成块，并无规则地沉落在采空区内，形成垮落带，其高度一般为采高的 3~5 倍。垮落岩块具有一定的碎胀性，由于岩块之间的间隙较大，从而为瓦斯的流通提供了良好的通道。垮落带上方的岩层因失去顶板的支撑作用，出现了较大的弯曲、变形，甚至破坏，在岩体中出现顺着岩层层理面的离层裂隙和垂直于层理面的破断裂隙，形成断裂带，其高度一般为采高的 10~30 倍。断裂带内的瓦斯通过层间破断裂隙涌入采空区。弯曲下沉带内上覆煤（岩）层附近形成的离层裂隙为该煤层卸压瓦斯聚集和流通的主要通道[194]，如图 5-10 所示。

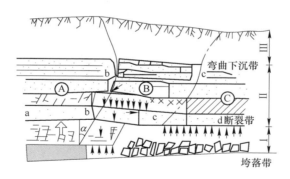

图 5-10 卸压瓦斯原理示意图

A（a-b）—煤壁支撑影响区；b—初始断裂点；B（b-c）—断裂离层区；C（c-d）—重新压实区

大多数矿井采用抽出式通风，在通风负压的作用下，卸压煤岩层的瓦斯会通过煤柱裂隙或密闭墙涌入工作面或矿井巷道中，给通风造成了负担，同时也给煤矿安全生产增加了不安全因素，高位钻孔采空区瓦斯抽放就是根据瓦斯在裂隙运移的规律，通过在回风巷布置高位钻场，向煤层顶板施工钻孔，使钻孔处在"O"形圈内，当工作面回采时，由于采动影响，顶板岩层形成的裂隙通道给邻近层以及工作面煤壁的瓦斯释放提供了有利的条件。

　　高位钻孔主要借助工作面回采采动顶板产生的裂隙通道抽采采空区瓦斯。据矿山压力研究可知，工作面回采时，在其周围会形成一个采动压力场。高位钻孔终端主要设计在垮落带和断裂带内，通过钻孔瓦斯抽放负压，采空区内的瓦斯通过岩石裂隙通道流出，实现采空区、煤岩瓦斯抽放。

　　垮落带的厚度（H_c）与煤层厚度（h）、上覆岩的碎胀系数（K_0）、煤层倾角（α）以及岩性相关，则经验公式可归纳为：

$$H_c = \frac{h}{(K_0 - 1)\cos\alpha} \tag{5-9}$$

　　在 2103 回风巷沿工作面走向每 150m、沿顶板岩层向上 5m 的范围内施工一处高位钻场，高位钻孔分两排，每排 8 个，钻孔倾角为 20°、22°、24°，方位角为 0°、5°、10°、15°，内径为 φ108mm，孔深为 150~180m，以 89m 套管进行封孔，各钻孔的终孔垂直位置均处在垮落带和断裂带内。工作面煤层倾角为 18°，岩石的碎胀系数取 1.4，采高为 2m，因此，2103 工作面的垮落带高度为 7.6m。钻孔剖面图如图 5-11 所示。

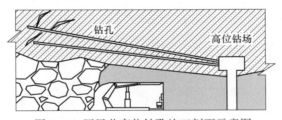

图 5-11　回风巷高位钻孔施工剖面示意图

　　2013 工作面回采期间未进行高位钻孔采空区瓦斯抽放时，瓦斯相对涌出量达 15m³/min，回风巷、上隅角多次出现瓦斯超限，回风巷瓦斯最高浓度达 6%，经实施高位钻孔采空区瓦斯抽放后，工作面瓦斯相对涌出量一般在 3~4m³/min。高位钻孔示意图如图 5-12 所示。

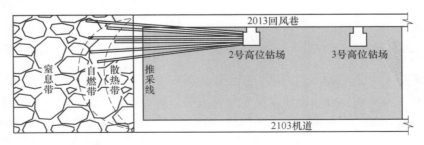

图 5-12　2103 回风巷高位钻孔采空区瓦斯抽采示意图

5.4.2 上隅角埋管瓦斯抽采控制技术

采空区瓦斯的涌出，在矿井瓦斯来源中占有相当的比例，这是由于在瓦斯矿井采煤时，尤其是开采煤层群和厚煤层条件下，临近煤层、未采分层、围岩、煤柱和工作面丢煤中都会向采空区涌出瓦斯，不仅在工作面开采过程中涌出，并且工作面采完密闭后也仍有瓦斯继续涌出[195]。一般新建矿井投产初期采空区瓦斯在矿井瓦斯涌出量中所占比例不大，随着开采的横向拓展和纵向延伸，相应地采空区瓦斯的比例也逐渐增大，特别是一些开采年限比较长的老矿井，采空区瓦斯多数可达 25%~30%，少数矿井达 40%~50%，甚至更大。针对这部分瓦斯，如果只靠通风的方法解决，很显然，既增加了通风的负担，而且在经济方面也不合算。国内外的实践证实，采空区瓦斯抽采行之有效。

回采过程中伴随着采面的推进范围逐渐增加的采空区是半封闭采空区，而这种采空区是和通风网路连通的，采空区瓦斯涌向工作面后又经回风流派出，当采空区瓦斯积聚到一定程度时致使工作面上隅角或回风流中瓦斯经常超限，有时也因顶板的突然垮落致使采空区瓦斯大量涌出，给安全生产造成极大的威胁。在魏家地矿通过实施上隅角埋管和回风顺槽高位钻孔采空区瓦斯抽采技术，大大解决采空区瓦斯的异常涌出，保证了回采工作的顺利进行。

在工作面回风巷 ϕ219mm 移动抽放主管路上，每隔 30m 安设一处 ϕ108mm "三通"，与采空区再预埋的一趟 ϕ108mm 抽放支管路对接，形成工作面采空区抽放系统，在工作面上出口端头支架后采空区预埋 ϕ108mm 抽放拖管 10m，管路固定在端头支架上，随工作面的回采拖动管路，实现上隅角瓦斯随采随抽。上隅角采空区瓦斯抽采示意图如图 5-13 所示。

根据工作面瓦斯涌出量的情况在工作面上出口按 20~25m 管口间距，向采空区错位交替预埋两趟 4 寸抽放管，进行采空区预埋管抽放；在工作面的上隅角向外每隔 10m 设置一根抽放管，进行立管抽放；在上口支架顶梁上方和上隅角封堵墙上进行插管抽放，每次拉架必须根据实际情况调整插管位走向位置。

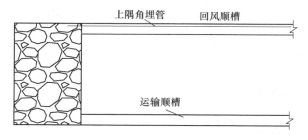

图 5-13　上隅角采空区瓦斯抽采示意图

5.4.3　回风巷顶中位钻孔控制技术

　　回风顺槽巷顶小高位孔采空区瓦斯抽采是按煤层走向布置钻孔，钻孔孔底处在初始冒落拱的上方，以捕集处于冒落破坏带中的上部卸压层和未开采的煤分层涌向采空区中的瓦斯。

　　魏家地煤矿回风顺槽顶部小高位孔的布置设计为：回风顺槽 5~10m 布置一组小高位孔，每组 6~8 个，钻孔倾角大约 30°，方位角按 –10°、5°、0°、5°、10°、15°安排，钻孔内径为 φ75mm，单孔长度为 70~100m，钻孔封孔联网后直接与回风顺槽 φ219mm 主管路预留三通对接，如图 5-14 所示。

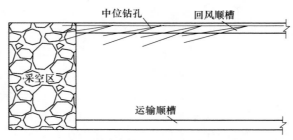

图 5-14　回风顺槽小高位孔示意图

5.4.4　地面钻井采动区瓦斯抽采控制技术

　　采动区地面钻井瓦斯抽采主要使利用煤层开采的卸压增透效应提高瓦斯的解析效率，利用采动裂隙场的导流作用进行涌出瓦斯的高效抽采，利用地面井地面施工及可持续抽采的特点进行采动活跃区和后续采动稳定区涌出瓦斯的持续抽采。

　　由压力拱理论可知，煤层开采过程是一个逐步引起周围岩层垮落、移动、旋转、变形，形成卸压区域的过程。煤层开采后，在回采空间周围一定范围内地应力进行重新分布，形成较大范围的卸压区域。在该区域内岩层发生离层，开采煤层及下部岩层承压状态由原来承受整个上覆岩层压力变为仅承受开采卸压区域内地层的压力，应力水平大大降低，煤岩层在一定范围内产生不同程度的膨胀变形，煤层孔隙和裂隙增加，煤层瓦斯在环境应力降低和煤层渗透性增加的条件下快速解吸，向回采工作面等自由空间涌出，这就是煤层开采"卸压增透效应"[196]。而在卸压区的外围形成一个支撑力区，即集中应力区，集中应力区之外则是原始应力区及应力恢复区。

　　伴随煤层开采后顶板岩层的垮落，采场覆岩的离层裂隙和断裂裂隙逐渐向上发展并形成采动裂隙场，是瓦斯流动的优良通道。煤层回采前在地表施工的地面钻井至形成采动裂隙场的中部区域或者在采动裂隙场形成趋于稳定后，施工地面钻井至采动裂隙中部区域进行负压抽采，井下回采空间或采空区的卸压涌出瓦斯在地面钻井井底负压作用下经采动裂隙通道进入地面钻井被抽采至地面。

东 102 工作面采用综采放顶煤开采，采空区瓦斯是工作面瓦斯涌出的最主要来源，回采过程中工作面瓦斯涌出量大，特别是当周期来压期间由于顶板垮落造成采空区瓦斯短时间内大量涌向工作面，极大增大了矿井安全生产的威胁。地面钻井抽采控制采空区瓦斯流场及钻井产气增产技术工业性试验在东 102 工作面区域开展。

采场上覆岩层裂隙场分布规律研究表明，东 102 工作面开采后，风巷、机巷内侧 50m 范围内的上覆岩层卸压充分，岩体膨胀率高，裂隙发育程度高，为地面钻井抽采采空区瓦斯提供了条件。由于风巷内错区域岩层的裂隙发育程度高于机巷内错区域的岩层，并且考虑瓦斯的上覆效应，地面钻井布置在风巷内错区域更有利于瓦斯抽采。

根据上述分析，东 102 地面钻井布置如图 5-15 所示。

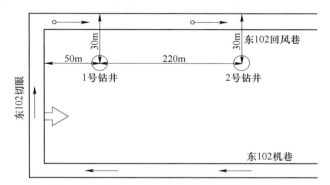

图 5-15　东 102 工作面地面钻井布置示意图

1 号钻井纯瓦斯抽采流量及浓度变化曲线如图 5-16 所示。

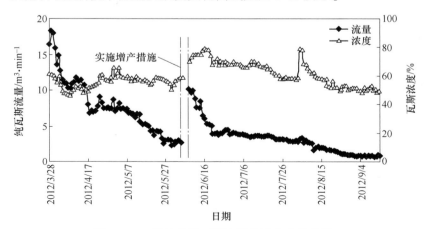

图 5-16　1 号钻井纯瓦斯流量及浓度变化曲线

2 号钻井纯瓦斯流量及浓度变化曲线如图 5-17 所示。

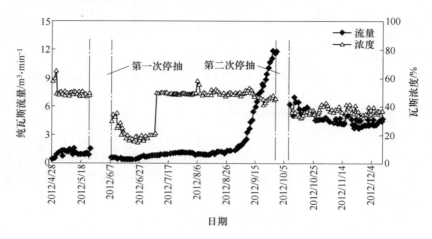

图 5-17 2 号钻井纯瓦斯流量及浓度变化曲线

地面钻井大流量抽采采空区瓦斯，减少了东 102 工作面的瓦斯涌出量，并改变了采空区漏风流场，大幅度降低了回风及上隅角瓦斯浓度。钻井开始抽采瓦斯前后工作面瓦斯涌出量及回风瓦斯浓度的变化曲线如图 5-18 所示。

由图 5-18 可以看出：

（1）地面钻井开始抽采采空区瓦斯后，采空区漏风流场改变，工作面瓦斯涌出量降低，回风瓦斯浓度基本都保持 0.3% 以下。

（2）2 号钻井进入预抽第二阶段后，回风瓦斯浓度再次降低，保持在 0.2% 以下；由于国庆节放假地面钻井停抽，回风瓦斯浓度上升至 0.2% 以上，复抽后又降至 0.2% 以下。

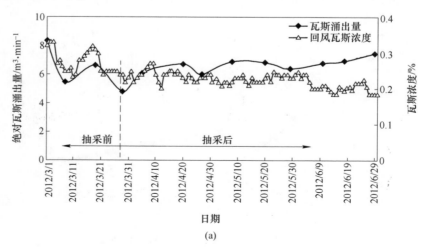

(a)

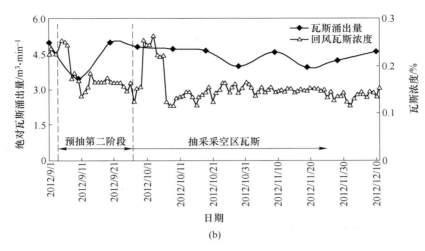

(b)

图 5-18 工作面瓦斯涌出量及回风瓦斯浓度曲线图

(a) 1 号钻井；(b) 2 号钻井

6 地面钻井新型井身结构设计

地面瓦斯抽采钻井是从地面向地层深处施工的各种形式的钻井，用于预排、预抽或抽采采空区、采动卸压瓦斯。与井下瓦斯抽采工程相比，地面钻井具有3方面的优势：

（1）地面瓦斯抽采钻井的施工及抽采工作不受矿井巷道条件影响，可根据需要选择钻井的施工时间和地点。

（2）在地面可采用大型钻机施工地面钻井，所以地面钻井的孔径一般较大，抽采瓦斯量大，效果显著。

（3）地面瓦斯抽采工作便于管理，安全高效。

6.1 地面瓦斯抽采钻井的形式

国内外用以抽采瓦斯的地面钻井形式主要有：水射流径向钻井、定向羽状钻井和地面垂直钻井。

6.1.1 水射流径向钻井

水射流径向钻井又称地面大树枝钻井，首先施工垂直井身至煤层顶板上方一定位置，然后利用高压水射流破岩的机理，通过特殊导向工具沿煤层走向和倾向钻出多个辐射状分支井眼，在低渗透性煤层中达到释放瓦斯的目的，最大限度地增加井控面积和产气通道，提高瓦斯抽采率。

6.1.1.1 水射流径向钻井发展历程

径向钻孔技术于 20 世纪 80 年代起源于加拿大。1984 年 Penetrators 公司开始进行水射流径向钻孔技术研究，利用机械钻削方式将套管开窗，利用水射流在地层中喷射成孔，并于 1988 年投入工业应用。2000 年前后该公司开发 PeneDrill 机械钻孔工具，利用液压马达驱动钻头进行套管开窗，利用液马达驱动柔性钻杆和金刚石钻头在地层中钻孔，突破了利用高压水射流钻孔的技术限制，钻孔长度达1.8m。美国 ICT 公司 dJetDrill 水力喷射钻孔技术以高压水为动力，利用冲头冲击实现套管开窗和高压喷射实现地层破岩成孔，在地层中喷射出孔径为 25mm 左右，深度为 2m 的孔眼[197]。美国 Radial Drilling Services（RDS）利用螺杆马达驱动钻头实现套管开窗，利用水力喷射技术在地层内钻出直径近 50mm 的井眼，长度达到100m。

1992年，我国大庆油田与美国ICT公司合作，进行径向钻孔技术研究工作，在大庆、辽河、江汉、吐哈等油田开展了试用与推广，先后作业了10余口井。2005年以来，国内多家公司先后引进国外技术，如上海宏睿油气田径向井技术服务有限公司、北京波特耐尔石油技术有限公司、艾迪士径向钻井（烟台）有限公司等，在国内各油田开展水射流径向钻孔技术服务。中国石油钻井工程技术研究院江汉石油机械研究所开展了基于套管冲击开窗和机械与高压喷射联合破岩的径向钻孔技术研究，研制了样机，进行了现场试验。2009年开始基于套管钻孔开窗、水力喷射破岩成孔的水射流径向钻孔技术研究，取得一些技术突破，地面试验成功。中国石油长城钻探工程技术研究院等单位也对水射流径向钻孔技术进行了研究。

6.1.1.2　水射流径向钻孔工艺

水射流径向钻孔技术的关键包括两个方面：

（1）将套管钻透，即套管开窗。

（2）在地层中钻小直径水平井。

为实现这两个目的，可以采用不同的方式、方法和工具。基于目前国内外的技术现状，水射流径向钻孔技术基本都采用套管钻孔、水力喷射破岩的方式，即先用套管钻孔工具及钻头将套管钻穿，然后用水力喷射工具在油层中形成径向水平井[198,199]。

基于套管钻孔、水力喷射的原理及工艺，水射流径向钻孔技术需要的设备及工具包括地面设备和井下工具两部分[200]。地面设备包括油井作业设备、地面高压泵组、连续管设备，这些设备目前技术成熟，且已在现场应用；井下工具包括转向定位工具、套管钻孔工具和水力喷射工具等，井下工具是水射流径向钻孔技术的关键。油井作业设备主要用于起下油管和井下转向定位工具；连续管设备主要用于起下套管钻孔工具和高压喷射工具，并为井下工具提供高压流体通道；高压泵组用于为井下钻孔和喷射工具提供动力。另外，水射流径向钻孔技术还需要陀螺仪及深度测量仪器等，用于确定钻孔的深度和方位。

6.1.1.3　转向定位技术及工具

转向定位技术用于确定套管的深度及方位位置，为套管钻孔及水力喷射工具提供转向通道，实现90°转向，以便工具垂直套管进入地层，同时为水射流径向钻孔作业提供作业平台。转向定位工具包括定位接头、转向器和锚定装置，如图6-1所示。定位接头为陀螺仪器提供座键，以便确定钻孔方位；转向器为套管钻孔工具及水力喷射工具提供转向通道，锚定机构将转向定位工具锚定在套管上，以便于钻孔作业[201]。

转向器的转向轨道设计是关键。由于受套管直径的限制，套管内径越小，转向器转弯半径越小，设计难度越大。转向轨道受套管直径、套管钻孔直径等影响，需要对轨道曲线进行优化，以满足需要。研制的转向定位工具如图 6-1 所示，可以用于 139.7mm 及以上尺寸套管开窗需求，钻孔直径 28mm。

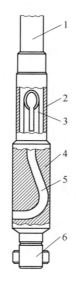

图 6-1　转向定位工具
1—油管；2—座键短节；3—座键；4—转向器；
5—转向轨道；6—锚定机构

6.1.1.4　套管钻孔技术及工具

套管钻孔工具（见图 6-2）包括驱动螺杆、柔性轴和钻头等。该工具系统通过连续管由油管内下入至转向器，柔性轴和钻头通过转向器的转向轨道将钻头方向转变垂直套管方向。连续管与地面高压泵组相连，开启高压泵，高压流体驱动螺杆旋转，从而带动柔性轴和钻头转动，切削套管。

螺杆是成熟的产品，可以根据径向钻孔工艺的需要优选合适的螺杆产品。

柔性轴是系统中的关键部件，既改变钻头方向，又要传递钻压、扭矩，为钻头提供动力。因此柔性轴须满足的技术要求有：传递足够大的扭矩、钻压至钻头，与转向器轨道配合良好，摩擦力小。为检验柔性轴通过转向器的灵活性和工作可靠性，做了大量的试验，最终确定了柔性轴的结构，如图 6-2 所示。

钻头作为钻削套管的关键工具非常重要[202]。对于一般的金属，用钻头钻孔是非常成熟的技术，且有多种类型的钻头。但由于使用条件的改变，柔性轴通过螺杆驱动在转向器内转动，不是同心转动，致使钻头转动不稳定，振动冲击严重，钻头很容易崩刃，且在刚钻透套管时，钻头蹩钻严重，螺杆制动，甚至钻头断裂。为此，设计了多种类型的钻头进行了试验，最终确定了一种定心切削钻头，解决了套管钻孔的难题。

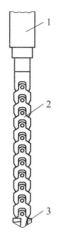

图 6-2　套管钻孔工具
1—螺杆；2—柔性轴；3—钻头

6.1.2　定向羽状钻井

所谓羽状分支水平井是指在一个主水平井眼两侧再侧钻出多个分支井眼作为泄气通道，分支井筒能够穿越更多的煤层割理裂缝系统，最大限度地沟通裂缝通道，增加泄气面积和气流的渗透率，使更多的甲烷气进入主流道，提高单井产气量。

对于煤层气定向羽状分支水平井的完井方式，工艺较简单，主要采用裸眼完成，直接投产。

6.1.2.1　羽状水平井井身结构

煤层气需要通过排水降压解吸才能产出，因此，定向羽状水平井井身结构必须考虑排水采气。参考美国已成功完成的羽状分支水平井钻井方案，结合我国煤层特点提出如下两种井身结构方案[203]。

方案一，需要另钻直井抽排水。ϕ215.9mm 井眼在目的煤层顶部下入 ϕ177.8mm 技术套管并注水泥固井；用 ϕ152.4mm 钻头小曲率半径造斜进入煤层，并在煤层中钻 500~1000m 长的主水平井眼；然后用 ϕ120.6mm 钻头由下往上在主水平井眼两侧不同位置交替侧钻出 4~6 个水平分支井眼。单个水平分支井眼长 300~600m，与主水平井眼成 45°夹角，全部采用裸眼完井。最后，在距水平井井口约 100m 且与主水平井眼在同一剖面上设计 1 口垂直井，并与主水平井眼在煤层内贯通（可采用造洞穴或压裂沟通）。

方案二，主水平井内下入电潜泵直接抽排水采气。为保证电潜泵的顺利下入，ϕ215.9mm 井眼采用中曲率半径进入煤层，ϕ177.8mm 技术套管下到煤层部位，分支井眼同方案一。

6.1.2.2　羽状水平井主要钻进工艺

为使主水平井眼和分支井的位置最佳，垂直井段必须经过精心设计和钻进，要利用煤层上方压实砂岩进行裸眼造斜和稳定短半径弯曲井段，并达到良好的地层控制。

分支水平井眼钻井顺序是由下往上逐个分支钻成的。工艺步骤如下：

（1）当钻完主水平井眼后，调整钻井液性能确保水平井段内岩屑清洗干净、无底边岩屑床，煤层井壁稳定。

（2）起出钻具，下入可回收式斜向器到预定分支点位置，定向后座封；然后下入带 LWD+泥浆马达+高效钻头的钻具，侧钻出一个水平分支井眼。

（3）钻完第一个分支井眼后起出钻具，下入专用工具将斜向器起出；重复上述方法钻完设计分支井眼个数后裸眼完井。

6.1.3　地面垂直钻井

地面垂直钻井采前预抽瓦斯是 20 世纪 80 年代在美国成功应用的地面煤层气开采方法，20 世纪 90 年代开始中国不同矿区开展试验，除在山西沁水盆地取得了与美国 San Juan 盆地相当的效果外，其他矿区的效果都不太理想。究其原因主要是：我国大部分高瓦斯矿区地质构造复杂，煤层气透气性低，多数煤层透气性系数仅为 10^{-3}~$10\mathrm{m^2/(MPa^2 \cdot d)}$。

地面垂直钻井是利用潜孔锤钻头施工垂直钻井至设计终孔位置，利用工作面回采形成的裂隙进行抽采瓦斯，根据设计不同，地面钻井可抽采开采煤层采空区的瓦斯，或上覆煤层的采动卸压瓦斯。

采动区地面垂直钻井抽采卸压涌出瓦斯主要是充分利用煤层回采过程中的采动卸压效应，大量抽采涌出瓦斯，降低回采空间及后续采空区瓦斯超限风险，是近十年来逐渐发展起来的一种新型瓦斯治理方式。采动区瓦斯地面钻井抽采包括采动活跃区地面钻井抽采和采动稳定区地面钻井抽采。采动活跃区指煤炭开采过程中，岩层剧烈运动和应力扰动的区域，该区域对应地表沉降速度大于或等于 1.7mm/d；采动稳定区指煤炭采后岩层运动基本停止的区域，对应地表沉降速度小于 1.7mm/d，包括老采空区或废弃矿井。采动活跃区地面垂直钻井在煤层回采前完成施工，进入采动影响区域后开始抽采涌出瓦斯，不影响井下生产，而且充分利用了采动卸压增透作用，后续对老采空区的抽采也可以进一步降低矿井瓦斯涌出量，主要包括采动活跃区地面垂直钻井抽采、采动活跃区地面"L"形顶板水平井抽采等方式。采动稳定区地面钻井在矿井封闭废弃后或者老采空区长期封闭后进行施工，根据矿井采区分布和瓦斯富集情况进行布井抽采，可以在有效降低矿井瓦斯涌出量的同时获得宝贵的清洁煤层气资源，主要井型为地面垂直钻井结构。

地面钻井井身结构一般分为 3 段：第 1 段为表土段，钻井穿过表土进入坚硬基岩，下套管，进行表土段固井；第 2 段为基岩段，钻井钻进至目标层（卸压瓦斯抽采煤层或煤层群）顶板 20~40m，下套管，进行基岩段固井（套管长度为第 1 段与第 2 段之和，固井至地面）；第 3 段为目标段，钻井钻进至煤层顶板 5~10m，下筛管，不固井。

淮南矿区地面钻井卸压瓦斯抽采试验证明，其有效抽采半径可达 200m，设计时抽采半径取 150m。沿走向方向第一个钻井距开切眼 50~70m，之后的钻井距离为 300m，在倾斜方向上钻井距离风巷的距离为工作面长度的 1/3~1/2。地面钻井能够取得较好的瓦斯抽采效果，在卸压瓦斯抽采的活跃期间内，单井瓦斯抽采可达到 10~20m^3/min，抽采瓦斯体积分数可达到 70%~90%，瓦斯抽采率可达到 60%。

水射流径向钻井和定向羽状钻井主要预抽煤层瓦斯，由于我国煤层透气性普遍较低，采用增透措施效果不理想，并且工程施工工艺复杂，需要特殊钻具，受地质构造的影响施工难度大，成本高，所以在我国应用较少。

针对地质构造复杂、煤层透气性小的特点，在特厚煤层综放开采条件下，地面垂直钻井可大量抽采采空区的瓦斯，有效减少工作面瓦斯涌出量，降低回风瓦斯浓度，因此我国多采用地面垂直钻井抽采瓦斯。

6.2 地面钻井岩层移动分析

地面钻井被破坏的本质原因是采场上覆岩层的移动与变形。煤层开采后，采空区围岩的应力平衡被破坏，引起应力重新分布，从而造成上覆岩层的垮落与弯曲下沉，并由下向上发展至地表。在上述过程中，上覆岩层的非均匀移动与变形产生的剪切作用对地面钻井的破坏作用最大。

当地下煤层被采出后，采空区直接顶板岩层在自重力及其上覆岩层的作用下，产生向下的移动和弯曲。当其内部拉应力超过岩层的抗拉强度极限时，直接顶板首先断裂、破碎、相继垮落，而基本顶则以梁弯曲的形式沿层理面法线方向移动、弯曲，进而产生断裂、离层。随着工作面向前推进，受采动影响的岩层范围在不断扩大，当开采范围足够大时，岩层移动发展到地表，在地表形成一个比采空区更大的下沉盆地。

　　由于岩层移动，致使顶板岩层悬空及其部分重量传递到周围，未直接作用在岩体上，从而引起采场周围岩体内的应力重新分布，形成增压区和减压区。在采区边界煤柱及其上下方的煤层内形成支撑压力区，在这个区域煤柱和岩层被压缩，甚至破碎、挤向采空区。由于增压的结果，使煤柱部分被压碎，承受载荷的能力减小，于是支撑压力区向原理采空区的方向转移。在回采工作面的顶、底板岩层内形成减压区，其压力小于开采前的正常压力。由于减压和岩层沉降，岩层发生膨胀、层间滑移和离层；而底板除受减压影响外，还受水平方向的压缩，因此可能出现采空区底板向上隆起的现象。

　　概率积分法是一种采用随机的观点研究采场上覆岩层和地表移动规律的方法，该方法是在由李特威尼申首创的随机介质力学[204]基础上发展起来的，已在工程中得到许多成功应用。利用概率积分法研究岩层移动时，要求岩层移动过程是连续的，然而垮落带和裂隙带区域的岩层已失去整体性和层状结构，因此不满足概率积分法的条件。弯曲下沉带及其上方至地表的岩层移动过程是连续和有规律的，因此主要研究该区域内岩层的移动规律。

　　煤层开采过程中，上覆岩层在弯曲下沉过程中发生一定的位移，如图 6-3 所示，岩层移动向量的铅直分量和水平分量分别为下沉和水平移动。

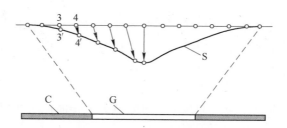

图 6-3　采动后岩层各点的位移

C—煤层；G—采空区；S—岩层；3，4，3′，4′—测点

　　在一维开采空间中，若煤层的开采范围是 $0 \sim +\infty$ ，即为半无限开采。煤层半无限开采后岩层下沉如图 6-4 所示，以煤层顶板为基准线，高度为 H 的岩层的水平移动可按式（6-1）计算：

$$U(x) = bW_0 e^{-\frac{\pi x^2}{r^2}} \tag{6-1}$$

式中　U——岩层的水平位移，m；

　　　　b——水平移动系数，是最大水平位移和最大下沉的比值；

　　　W_0——岩层的最大下沉量，m；

　　　　r——煤层开采对岩层的主要影响半径，m。

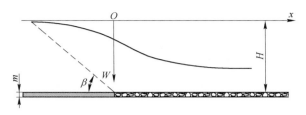

图 6-4 半无限开采岩层的下沉曲线

规定岩层水平移动与 x 轴正方向（工作面开采方向）一致为正值，反之为负值。煤层开采后，由于采场顶板发生垮落和碎胀等，上覆岩层的下沉量一般小于采厚，同时由于采空区顶板下沉过程中还受煤层倾角的影响，则岩层的最大下沉量可表示为[153]：

$$W_0 = m\eta_{\mathrm{H}}\cos\alpha \tag{6-2}$$

式中　m——煤层开采厚度，m；

η_{H}——高度为 H 的岩层的下沉系数，一般小于 1；

α——煤层倾角，(°)。

由于采场上覆岩层间力学性质差异较大，岩层向下弯曲移动不同步造成岩层间出现离层，因此岩层与开采煤层间距越大，下沉系数 η_{H} 越小。假设从弯曲下沉带底部至地表区域内岩层的下沉系数满足一元线性变化规律，η_{H} 可按式(6-3)计算[205]：

$$\eta_{\mathrm{H}} = \eta_0 - \frac{H - H_0}{H_1 - H_0}(\eta_0 - \eta_1) \tag{6-3}$$

式中　H_0，H_1——弯曲下沉带底部岩层、地表的高度，m；

η_0，η_1——弯曲下沉带底部岩层、地表的下沉系数。

主要影响半径 r 可按式（6-4）计算：

$$r = H\cot\beta \tag{6-4}$$

式中，β 为主要影响角，(°)。

在理想条件下，下沉曲线的拐点在煤壁与采空区交界处的正上方，如图 3-2 所示。在实际生产过程中，由于煤壁上方顶板的悬顶作用，相当于实际煤壁向采空区平移了 S_0，如图 6-5 所示，即由 B 点移动到假想煤壁 B' 点，使得岩层下沉曲线的拐点位置平移了 S_0，因此 S_0 称为拐点移动距。预计岩层移动与变形时，要以假想煤壁 B' 点作为采空区的计算边界。

在煤矿的实际生产过程中，煤层开采均为有限开采。在煤层沿倾向方向已达到充分采动条件下，煤层从位置 A 开采到位置 B，考虑 A、B 两点处的拐点移动

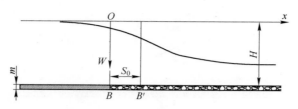

图 6-5　拐点移动距

距，岩层沉降如图 6-6 所示，若以开切眼上方岩层为原点 O，则岩层水平移动的表达式为[206,207]：

$$U^0(x) = U(x - S_0) - U(x - S_0 - l) \tag{6-5}$$

式中　U^0——有限开采条件下岩层的水平移动，m；

　　　U——半无限开采条件下岩层的水平移动，m；

　　　l——计算开采长度，m，$l = L - 2S_0$，L 为实际开采长度。

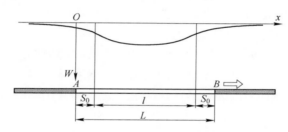

图 6-6　有限开采条件下的地表沉降

把式（6-1）~式（6-4）代入式（6-5）可得任意位置和高度岩层的水平移动：

$$U^0(x,\ H) = bm\cos\alpha \left[\eta_0 - \frac{H - H_0}{H_1 - H_0}(\eta_0 - \eta_1) \right] \left(e^{-\frac{\pi(x - S_0)^2}{(H\cot\beta)^2}} - e^{-\frac{\pi(x - S_0 - l)^2}{(H\cot\beta)^2}} \right)$$

$$(6-6)$$

式中各符号意义同前。

6.3　新型井身结构设计

根据对地面钻井井身稳定性的研究，针对当前国内地面垂直钻井存在的问题，在现有井身结构的基础上设计了井身稳定性强、可大幅度延长地面钻井有效抽采时间的井身结构：

（1）开孔采用 ϕ311mm 孔径穿过松散层，钻至基岩面以下 15m，下入 ϕ273mm 表层套管并固井。

（2）二开采用 ϕ215.9mm 孔径钻至预计裂隙带顶部（距离一煤层顶板约85m处），下入 ϕ177.8mm 石油套管并固井。

（3）三开采用 ϕ152mm 孔径，钻井至距煤层顶板 15m 位置，下入 ϕ127mm 缠丝筛管，不固井。

（4）四开为 ϕ108mm 孔径的裸孔，钻进至一煤层顶板以下 5m 位置终孔。

（5）向地面钻井中下入瓦斯抽采管，瓦斯抽采管为通过丝扣连接的整管，贯穿于地面钻井的整个井身。

（6）抽采瓦斯筛管段采用"套管强化技术"进行处理，即用金属丝缠绕，金属丝间距约为 1mm。

（7）瓦斯抽采管的管径较小，使套管和卸压抽采段的井壁之间留有容移缓冲间距 m。

地面钻井的井身结构如图 6-7 所示，与现有井身结构相比，新型的地面钻井井身结构的优势体现在以下 3 方面。

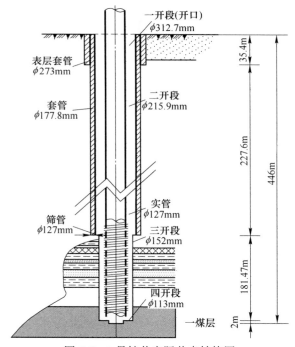

图 6-7　1 号钻井实际井身结构图

（1）瓦斯抽采管的直径较小，与套管和卸压抽采段的井壁之间留有一定的间距，既留出了瓦斯抽采管发生弯曲变形所需的空间，又使岩层发生水平移动或变形时对地面钻井的破坏作用得到缓冲，当井身或套管受力被破坏时，瓦斯抽采管被破坏的可能性很小。

（2）瓦斯抽采管是一个从地面至井底的整管，最大挠度大，当岩层发生水平变形时弯曲变形量大，使得瓦斯抽采管承受的力较小，不易被破坏。

（3）采用"套管强化技术"处理抽采瓦斯筛管段，既在一定程度上增强了抽采瓦斯筛管的抗压强度和抗剪强度，又减小了抽采瓦斯筛管过软岩或煤层时的阻力，同时可防止煤屑及砂子等杂物涌入抽采瓦斯管影响瓦斯抽采效果，如图6-8所示。

图 6-8　套管强化技术处理筛管

7 工业性试验

　　魏家地煤矿井田内以高瓦斯特厚煤层赋存，煤层稳定，由于产量高及采空区遗煤较多导致工作面绝对瓦斯涌出量大，瓦斯灾害严重，给矿井安全生产造成了严重威胁。因此，通过实施地面钻井采空区立体式瓦斯抽采技术解决工作面瓦斯超限问题。

7.1　矿井概况

7.1.1　地理概况

　　魏家地煤矿是靖远煤业公司的骨干矿井，国家"九五"期间100座高产高效重点建设矿井之一，是既产煤又产煤层气的双能源矿井，西北已投产的最大竖井，矿井设计生产能力150万吨/年，服务年限为105年。2012年，经扩能改造，产能达到200万吨/年。煤矿位于白银市平川区东部，行政区划属白银市平川区宝积镇。井田地理位置：东经104°52′55″~104°58′16″，北纬36°40′18″~36°43′39″，井田西北至东南长约7700m，东北至西南平均宽2800m，面积为20.9941km²。魏家地井田处于靖远煤田宝积山矿区东部，西北与宝积山煤矿相接，西南与大水头煤矿为邻，煤矿井口位置距平川区约7km。

　　魏家地煤矿通过矿区公路与其西南相距1km的S308线相连，经S308线东通红会、海原，西端连平川并与G109线相接。银（川）兰（州）高速公路亦经过平川区，交通方便。

7.1.2　地形地貌及地质特征

　　魏家地煤矿地处魏家地盆地的东南部。魏家地盆地为一两端高中间低的狭长山间盆地。盆地以西为喀拉玛山，以东为老爷山，均系海拔2000~2200m的中高山。盆地北面由西向东为魏家地-尖山-老爷山，南面为刀楞山和红山，均系海拔1700~1800m以上的中低山。老爷山最高为2023.0m，刀楞山最高为1751.0m，红山最高为1760.0m。盆地内部其西部、东北部和东南部多为低矮的丘陵，由罗家川至尖山、党家水一带较为开阔，东南端和西北端较高，向中间倾斜，西段魏家地煤矿-大水头煤矿一线最低。高程 1712.0～1570.0m，比高 142m。两侧山系以构造剥蚀地貌为主，大部分基岩裸露，盆地内部多为剥蚀堆积地貌。丘陵区除盐锅台至党家水一带有少部分基岩出露外，大部分被黄土所覆盖。开阔平缓地带多为第四系洪冲积松散沉积层。

魏家地煤矿矿权范围处于魏家地盆地东南部，其东北面为由尖山和老爷山所组成的中山区，地势由西北往东南逐渐升高，坡度亦由西北往东南逐渐变陡，高程 1748.4～1609.0m，比高 139.4m。

魏家地井田位于宝积山复式向斜的东部。向斜内部除党家水一带因 F_{1-2} 断层的推覆作用有较多的中侏罗统新河组出露于地表外，其余大部分被第四系所掩盖。中侏罗统窑街组为区内主要含煤地层，上三叠统南营儿群则构成侏罗纪煤系地层的基底。由老至新分别包括三叠系（T）、侏罗系（J）、白垩系（K）、第四系（Q）。

井田内含煤五层（从上到下编号为未一、一、二、未二、三煤层）。煤层总平均厚度 24.51m，含煤地层平均总厚度 88.28m，含煤系数 27.5%。主要可采煤层为一、三煤层，分布面积广，厚度大且较稳定，二煤层为局部分布局部可采的不稳定煤层，未二煤层为点状分布的不可采煤层。可采煤层特征见表 7-1。

表 7-1　煤层特征一览表

煤层	厚度/m 最小－最大 平均	间距/m 最小－最大 平均	结　构	顶板岩性 底板岩性	煤层稳定程度
一煤层	$\dfrac{0.05-37.78}{13.08}$	$\dfrac{2.00-40.15}{13.20}$	由东向西简单-中等-复杂，含夹矸 1～2 层，最多含夹矸 23 层。	粉砂岩、砂质泥岩 粉砂岩、细砂岩	稳定
二煤层	$\dfrac{0.23-14.37}{3.84}$	$\dfrac{6.80-40.10}{19.98}$	由东向西简单-中等-复杂，含夹矸 1～2 层，最多含夹矸 8 层。	粉砂岩	不稳定
三煤层	$\dfrac{0.29-15.03}{5.58}$		简单-中等，普遍含夹矸 1~3 层，最多 8 层。	粉砂岩、粗砂岩 粉砂岩、细砂岩	较稳定

7.1.3　矿井开拓及开采

矿井设计生产能力 1.50Mt/a，服务年限 105 年，矿井于 1989 年 12 月建成投产，井田范围内原划分为 17 个采区，2008 年进行了深部井田采区优化设计，调整后矿井共划分为 8 个采区，其中东翼 4 个，西翼 3 个，北翼 1 个。初期生产能力仅 0.10Mt/a，以后生产能力逐年提高，2004 年实际生产原煤 1.54Mt，达到和超过了设计生产能力，2012 年核定生产能力为 3.00Mt/a。

矿井采用立井开拓方式，共有五条井筒（一对中央主副立井、一个回风立井和一对南回风斜井），生产水平为 +1070m。初采采区为西一采区，采煤方法为综采放顶煤一次采全高采煤法。目前西一采区基本已采完，西二采区、东一采区和北一采区正在回采。工作面设计为走向长壁式，采煤方法为综放、综采，顶板管理为垮落法。

7.1.4　通风与瓦斯

矿井通风方式为中央并列与中央边界混合抽出式通风，由主、副井筒、新主井进风，中央回风立井和南一、二回风斜井回风。2018 年 1 月对矿井通风能力进行核定，矿井通风能力为 325.2Mt/a。目前矿井总排风量 9900m³/min，中央回风井回风量 3400m³/min，南风井一、二号斜井回风量 6500m³/min。

根据《甘肃省安全生产监督管理局关于对甘肃靖远煤电股份有限公司 2012 年度矿井瓦斯等级鉴定报告的批复》（甘安监管四〔2013〕174 号），魏家地煤矿最大绝对瓦斯涌出量为 68.74m³/min，最大相对瓦斯涌出量为 18.81m³/t，瓦斯等级为煤与瓦斯突出矿井。

目前，矿井生产主要在 1070m 水平，矿井绝对瓦斯涌出量为 46.91m³/min，相对瓦斯涌出量为 15.59m³/t，为煤与瓦斯突出矿井；二氧化碳绝对涌出量为 6.92m³/min，相对涌出量为 2.30m³/t，仅为瓦斯涌出量的 14.75%。预计再往深部靠近 F_3 断层和南部 F_{1-2} 构造影响带瓦斯涌出量还有增大的可能。

矿井至投产以来，随着开采深度的加深，矿井相对瓦斯涌出量和绝对瓦斯涌出量呈现上升趋势。绝对瓦斯涌出量由 2003 年的 29.6m³/min 上升至 2008 年的 63.8m³/min，相对瓦斯涌出量由 2003 年的 15.6m³/t 上升至 2008 年的 26.4m³/t，增加了 69.2%；由此分析认为越往深部煤层中的瓦斯含量越高。

7.1.5　矿井主要生产系统

7.1.5.1　提升系统

A　主立井提升系统

主立井装备一对 16t 多绳箕斗，专门提升原煤，提升机选用德国"GHH"公司生产的 GHH-4×4 型多绳摩擦轮提升机一套，塔式布置。提升机以直流低速电动机直联方式拖动，配套电动机为 GLC-8165.79/16 型直流电动机，额定功率为 2100kW，额定转速为 47.75r/min，电枢电压为 900V。

提升容器为 TDG-16/150×4 型 4 绳 16t 底卸式箕斗，自重 17.8t。

B　副立井提升

副立井装备一对 1t 双层 4 车 4 绳罐笼，担负人员升降、提升矸石、下放材料和设备等。提升机为洛阳矿山机器厂生产的 JKM-2.8/4（Ⅱ）型摩擦轮提升机，塔式布置。配套电动机为 YR118/44-8 型，630kW，额定转速为 741r/min，电压为 6kV，2 台。

7.1.5.2　矿井通风系统

矿井通风方式采用中央并列与中央分列混合抽出式通风，主、副立井进风，北风井（中央回风立井）和南回风斜井回风。

北风井主扇选用 G4-73-11NO.29.5 型离心式通风机两台；南回风斜井主扇选择 FBCDZ-8-NO.30B 型隔爆对旋轴流式风机通风机，配 YBFe630S1-8/2×500kW/6kV 型电动，共两台，其中一台工作，一台备用。

7.1.5.3　压风系统

目前矿井地面设有两处压风机站，一处设在副井井口附近，主要担负井下巷道掘进用风，机修厂及主副井用风。另一处设在南风井井口附近，主要担负制氮设备用风。

副井压风机站设 5L-40/8 型空压机 4 台，3 台工作，1 台备用。南风井口压风机站设 5L-40/8 型空压机 3 台，2 台工作，1 台备用。

7.1.5.4　排水系统

现井下使用两个水泵房，即中央水泵房和西一采区水泵房。

A　中央水泵房

中央水泵房为井下主排水泵房，设在副井井底车场，泵房内设三台水泵，正常情况下一台工作，一台备用，一台检修。排水管两趟，一趟工作，一趟备用，排水管经副井井筒到达地面。

泵房设 250D60×10 型水泵 3 台，配套电动机为 JSQ1512-4 型，1050kW，6kV。

B　西一采区水泵房

主要是把部分井下水从南风井排到地面灌浆水池内，供井下灌浆使用，水量不足时由地面供水系统补给。设备为 6GD-67×9 型水泵 2 台，配套电动机为 JBD30M2-2 型，450kW，6kV。

7.1.5.5 地面生产系统

主立井煤炭提出井口后，经过分选，一部分直接上仓装车，另一部分经堆煤机运至储煤场存储。回煤系统为漏斗回煤，推土机辅助回煤。副立井在井口进、出车侧各设两道电动防寒门，在进车侧设两台 600mm 轨距 1 吨矿车列车推车机。长材料由罐顶插入，在罐底吊装下井，大件设备亦在罐底吊装入井。副立井系统用气动系统集中操作，特殊情况下也可单独操作。

副立井提升的矸石排放：矸石由副立井口设置的两套 FY1/6 型高位翻车机翻矸，矸石经高位翻车机装入自卸汽车运至排矸场排放。

7.1.5.6 供电系统

地面设一座魏家地 35kV 变电所（水电处管理），变电所内安装 2 台主变压器，型号分别为 SFZL-10000/35 35/6kV，SFZL-8000/35 35/6kV，承担全矿负荷。井下供电：在井底车场设一个中央变电所，担负中央水泵房和井底车场全部负荷。西一采区设两个采区变电所，一个上部采区变电所和一个下部采区变电所。

7.1.5.7 灌浆系统

魏家地煤矿煤层自然发火期为 5 个月左右，为防止其自燃发火，主要采取黄泥灌浆防灭火措施。矿井设有两处地面灌浆站，一处设在南风井广场西南侧，另一处设在北风井东南部南山，南风井灌浆站是通过两个箅子间利用 DN150mm 无缝钢管经南回风斜井入井。南回风斜井井口附近设有 600t 灌浆水池和泵房，泵房设有 125TSW 水泵两台，配备 55kW 电动机。

北风井区灌浆站主要是通过箅子间利用 DN150mm 无缝钢管经中央回风井入井。在井口工业广场设有 1200t 污水池和泵房，泵房设有 50D-8×5/6 水泵，配备 55kW 电动机。

7.1.5.8 制氮系统

目前该矿井采用地面固定变压吸附制氮系统，制氮站设在南风井工业场地，安装一台 DZ1000Nm³/99 型制氮机，设计制氮量为 1000m³/h，氮气纯度 97%，系统主管为 ϕ200mm，干管 ϕ159mm，工作面支管为 ϕ57mm，采用开放式间歇性注氮方式。氮气管路由一号南风井井筒引至井下工作面及采空区。

7.1.5.9 瓦斯抽放系统

目前该矿井瓦斯抽采泵站共安装五台抽采泵，其中二台 SKA-420 型水环式真空泵，其额定抽气量为 120m³/min，转速 393r/min，极限真空度为 16kPa，配套电机功率为 160kW。配套主管路为 φ325 无缝钢管；一台 SK-60 型水环式真空泵；两台 2BES67 型水环式真空泵，其额定抽气量为 27835m³/h，即 463.92m³/min，极限真空度为 16kPa，配套电机功率为 630kW。配套主管路为 φ426 无缝钢管。

7.1.5.10　供水系统

矿井水源来自黄河水，引自电厂取水口，经靖远煤业集团有限责任公司水电净水厂处理后输送至矿井，矿区供水管网已形成。

7.1.5.11　集中监测监控系统

矿井安装 KJ95n 集中监测系统，人员跟踪定位系统和工业电视监视系统，并配齐各类传感器、断电仪、摄像头，三套安全保障系统都接入了靖远煤业集团公司局域网。

7.2　试验区域概况

东 102 工作面采用综采放顶煤开采，采空区瓦斯是工作面瓦斯涌出的最主要来源，回采过程中工作面瓦斯涌出量大，特别是当周期来压期间由于顶板垮落造成采空区瓦斯短时间内大量涌向工作面，极大增大了矿井安全生产的威胁。地面钻井抽采控制采空区瓦斯流场及钻井产气增产技术工业性试验在东 102 工作面区域开展。

7.2.1　工作面概况

东 102 工作面为东一采区首采工作面，布置在一煤层中，南、北部均为未受采动影响的原始煤层，其下部赋存的二煤层和三煤层不可采，无法进行保护层开采（东 102 工作面煤层特征见表 7-2）。工作面走向长 920m，倾向长 135m，煤层厚度为 5~39.55/26.2m，可采平均厚度为 15.4m，属于特厚煤层开采，煤层倾角为 0~25°，平均角度 13°，煤层结构复杂，夹矸 1~7 层，厚度 0.32~7.01m，基本位于煤层下部，东 102 工作面煤层特征见表 7-2。煤层原始瓦斯含量为 10.17m³/t，瓦斯压力达 1.88MPa，透气性系数为 2.13×10^{-3} m³/(atm²·d)。坚固性系数 f 值为 0.31。煤层属易自燃煤层，自然发火期为 4~6 个月。采用 U 形通风方式，综采放顶煤工艺开采，全部垮落法管理顶板。

7.2.2　瓦斯治理难题

为治理煤层开采过程中瓦斯问题，消除瓦斯对矿井安全生产的威胁，东 102

工作面回采期间瓦斯抽采措施主要有：（1）在一煤层顶板施工顶板巷排放瓦斯；（2）高位钻孔抽采采空区卸压瓦斯；（3）采空区埋管抽采。

表 7-2 东 102 工作面煤层特征一览表

地质时代	柱状	厚度/m			岩石名称	岩性描述
		最小	最大	平均		
		1.86	5.1	3.48	粉砂岩砂砾岩	灰白色，成分以石英为主，次为长石，含煤屑
		4.73	8.83	6.78	粉砂岩含砾粗砂岩	灰黑色，成分以石英为主，次为长石，含煤屑
		0.2	0.4	0.3	炭质泥岩	灰黑色、深灰色，炭质含量较高，局部夹煤线，有滑腻感
中下侏罗统		5	39.88	26.2	一煤层	煤层呈构造煤，为粉末状、鳞片状，煤层松软，破碎，易垮落。煤层有益厚度 5~38.31m，平均厚度 23.12m。可采平均厚度 5~36.69m，平均厚度 15.4m。煤层结构复杂，夹矸 1~7 层，厚度 0.32~7.01m
		2.49	7.21	4.85	泥岩粉砂岩	灰黑色、深灰色，上部为泥岩，下部为粉砂岩，含白云母、植物化石碎片、煤屑
		5.1	6.63	5.86	粗砂岩含砾粗砂岩	灰白色，有黄铁矿及白云母片，胶结致密，块状构造

根据其他区域采空区瓦斯抽采经验，东 102 工作面已有的治理措施采空区埋管、顶板巷、高位钻孔纯瓦斯抽采流量分别为 $1m^3/min$、$3m^3/min$ 和 $3m^3/min$，工作面回采期间的进风量为 $2500m^3/min$，回风瓦斯浓度为 0.3%，风排瓦斯量为 $7.5m^3/min$。按照已有的瓦斯治理措施，瓦斯抽排流量为 $14.5m^3/min$，而东 102 工作面回采期间瓦斯涌出量达到 $23m^3/min$，这三种抽放措施不能解决瓦斯超限的问题。

东 102 工作面煤层平均厚度为 26.2m，可采平均厚度为 15.4m，工作面回采过后采空区遗有大量顶煤，释放出大量解吸瓦斯。解吸瓦斯在漏风流场等作用下流向工作面，特别是当顶板发生周期来压时，在垮落岩层的排挤作用下，采空区瓦斯突然大量涌到工作面，工作面瓦斯浓度高达 10% 以上，严重影响矿井安全。此外，由于一、二、三煤层之间的层间距较小，开采一煤层期间，基于采动卸压作用，三煤层与二煤层的卸压瓦斯大量涌入一煤层的回采工作面及其采空区，导致工作面瓦斯涌出量及回风瓦斯浓度大幅升高，既增大了瓦斯对矿井安全生产的威胁，又加重了矿井通风负担。

东 102 工作面进风量为 $2500m^3/min$，进风断面为 $12.86m^2$，风速为 $3.47m/s$，接近最大允许风速 $4m/s$，且风压高，不但增加了矿井通风负担和费用，而且高负压对防灭火极为不利，煤层自然发火与瓦斯灾害共存，严重威胁矿井安全。

7.2.3　瓦斯治理理念与试验整体思路

靖远煤业集团魏家地煤矿已经形成了"高投入、严管理、强技术、重利用"的瓦斯治理理念。矿井瓦斯综合治理工作逐步达到从"单一抽采"到"立体式综合抽采"的转变，从"局部措施"到"区域措施"的转变，从"不准瓦斯超限作业"到"不允许瓦斯超限"的转变，从"防治突出"到"消除突出"的转变。

地面钻井作为一种高效的瓦斯抽采方式，可实现大流量、高浓度抽采瓦斯，其抽采半径大、控制范围广，特别是当顶板垮落，周期来压期间挤压采空区瓦斯时，地面钻井可以高效抽采高浓度瓦斯，防止采空区瓦斯异常涌出，避免工作面上隅角及回风瓦斯超限。当钻井抽采后期，或由于放假停泵造成抽采流量降低时，采用"气-液耦合增产增气"技术提高钻井抽采量，延长钻井瓦斯抽采期。

7.3　地面钻井布井位置及施工

7.3.1　钻井布井位置设计

采场上覆岩层裂隙场分布规律研究表明，东 102 工作面开采后，风巷、机巷内侧 50m 范围内的上覆岩层卸压充分，岩体膨胀率高，裂隙发育程度高，为地面钻井抽采采空区瓦斯提供了条件。由于风巷内错区域岩层的裂隙发育程度高于机巷内错区域的岩层，并且考虑瓦斯的上覆效应，地面钻井布置在风巷内错区域更有利于瓦斯抽采。

根据上述分析，东 102 地面钻井应如下布置：

一号钻井沿走向距切眼 50m，沿倾向距风巷 30m；二号钻井与一号地面钻井的间距为 220m，沿倾向距东 102 回风巷 30m，具体布置位置如图 7-1 所示。

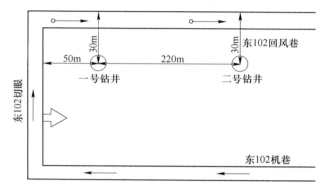

图 7-1 东 102 工作面地面钻井布置示意图

7.3.2 钻井施工设备

根据工程施工条件，采用空气钻进工艺施工地面钻井。钻机采用大一机电（烟台）有限公司生产的 DL-700 型钻机，如图 7-2 所示，空气压缩机采用北京三仁宝业科技发展有限公司生产的 1300 型空气压缩机，如图 7-3 所示。为保证钻井终井位置在设计范围之内，需要在钻井施工过程中测定井斜，若发现井斜超出预期，应及时调整钻机，以防止井斜过大。钻井井斜采用 LHE 电子测斜仪进行测定，如图 7-4 所示。

图 7-2 DL-700 型钻机

图 7-3　1300 型空气压缩机

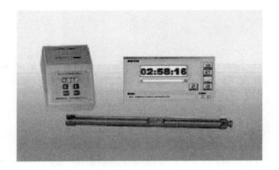

图 7-4　LHE 电子测斜仪

7.3.3　钻井施工工艺及井身结构

2012 年 2 月 10 日，开始进行清理钻井施工场地等准备工作；2 月 11 日正式开始钻井施工工程，至 4 月 2 日完成 2 口钻井的施工任务，钻进进尺为 899m。在钻井施工过程中，由于地质条件及煤层赋存条件与原始地勘资料存在较大差异，对钻井施工造成较大影响，因此根据实际岩层条件对钻井井身结构进行了适当调整。

7.3.3.1　一号钻井施工

一开：用 ϕ311.1mm 潜孔锤钻头开孔，钻进 36m（穿过表土层并钻进至基岩 15~20m）后下入 ϕ273mm×8mm 表层套管，然后用水泥浆固好套管。

二开：换 ϕ215.9mm 潜孔锤钻头向下钻进 227m，下入 ϕ177.8mm×9.19mm 石油套管，其中套管高出地表 0.4m，然后使用固井车将密度为 1.85g/cm^3 的水泥浆固井至地面。

三开：换 ϕ152.4mm 潜孔锤钻头向下钻进 181m，其中进入煤层 16m，然后下入 ϕ127mm 的套管，套管分为 2 部分，下段为长 75.48m 的 ϕ127mm×8mm 缠丝筛管、上段为长 365.1m 的 ϕ127mm×6mm 实管；不固井。

四开：换 ϕ108mm 潜孔锤钻头向下钻进 2m 后完钻。

钻井施工现场图 7-5 所示，井身结构如图 7-6 所示，井身结构参数见表 7-3。

图 7-5　钻井施工现场

7.3.3.2　二号钻井施工

一开：用 ϕ311.1mm 潜孔锤钻头开孔，钻进 31m（穿过表土层并钻进至基岩 15~20m）后下入 ϕ273mm×8mm 表层套管，然后用水泥浆固好套管。

二开：换 ϕ215.9mm 潜孔锤钻头向下钻进 308m，下入 ϕ177.8mm×9.19mm 石油套管，其中套管高出地表 0.4m，然后使用固井车将密度为 1.85g/cm^3 的水泥浆固井至地面。

三开：换 ϕ152.4mm 潜孔锤钻头向下钻进 76m，然后下入 ϕ127mm 的套管，套管分为两部分，下段为长 66.57m 的 ϕ127mm×8mm 缠丝筛管、上段为长

44.39m 的 φ127mm×6mm 实管；不固井。

四开：换 φ108mm 潜孔锤钻头向下钻进 38m（进入煤层 7m），然后下入 φ89mm×6mm 筛管 45m 完成施工。

一号钻井实际井身结构如图 7-6 所示，二号井身结构参数见表 7-4。

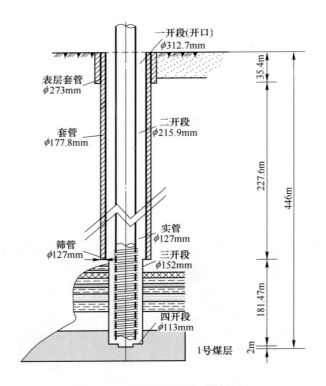

图 7-6　一号钻井实际井身结构图

表 7-3　一号钻井井身结构参数

井　身	井　深	套管（筛管）长度	固　井
一开	φ312.7mm×35.4m	φ273mm×36m 螺纹管	人工固井，PC32.5 水泥 0.6t，环空注入，密度约 1.4g/cm³
二开	φ216mm×263m	φ177.8mm×257m J55 石油套管	固井车固井，水泥 15t，水泥浆密度为 1.85g/cm³

井身	井深	套管（筛管）长度	固井
三开	ϕ152mm×444.47m	ϕ127mm 筛管 ×75.48m+ϕ127m 实管 ×365.1m	
四开	ϕ114mm×446m		

注：一开套管高出地面0.2m，二开套管高出地面0.4m。

表7-4　二号钻井身结构数据表

井身	井深	套管（筛管）长度	固井
一开	ϕ312.7mm×30.57m	ϕ273mm×30.75m 螺纹管	人工固井，PC.32.5水泥 0.6t，环空注入，密度约 1.4g/cm^3
二开	ϕ216mm×339.1m	ϕ177.8mm×312m J55 石油套管	固井车固井，水泥 17.78t，水泥浆密度为 1.85g/cm^3
三开	ϕ152mm×415m	ϕ127mm 筛管×66.57m +ϕ127mm 实管 ×44.39m	
四开	ϕ114mm×453m	ϕ89mm 筛管×45m	

注：一开套管高出地面0.2m，二开套管高出地面0.4m。

7.3.4　钻井井斜及终孔位置

7.3.4.1　钻井井斜

钻井井斜测定数据见表7-5。

表 7-5　钻井井斜测定数据

钻 井	日 期	测点深度 /m	井斜角 /(°)	偏斜方位角 /(°)
一号钻井	2-26	井口校正	0. 2	176. 3
		130	1. 9	116. 9
	2-27	150	1. 8	86. 8
	2-26	240	3. 3	48. 8
		250	3. 6	36. 5
	3-8	430	2. 7	66. 7
二号钻井	3-15	井口校正	0. 3	292. 4
		29	1. 4	282. 9
			1. 6	292. 6
			1. 5	288. 7
	3-22	100	1. 1	339. 0
	3-23	190	1. 9	2. 9
	3-25	300	3. 7	8. 4
	3-30	400	3. 1	24. 8

采用井斜计算软件对钻井井斜测定数据进行计算，可得钻井整体的偏斜参数，见表7-6。

表7-6　钻井整体偏斜参数

钻井	井斜角 /(°)	终孔偏移距离 /m	偏移方位角 /(°)
一号钻井	2.7	15.65	66.52
二号钻井	3.1	13.18	358.95

7.3.4.2　钻井终孔位置

一号钻井和二号钻井开孔及终孔位置如图7-7所示，其中一号钻井终孔位置距风巷42.95m，距切眼48.95m，二号钻井距风巷40.75m，距切眼277.52m，钻井位置均处在"O"形圈范围内，可以满足抽采采空区及工作面瓦斯的要求。

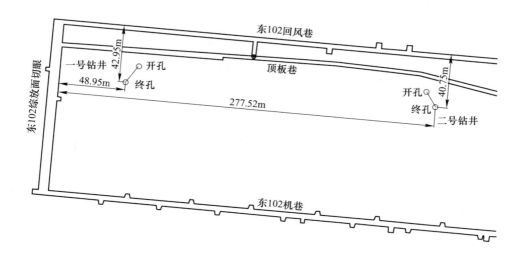

图7-7　地面钻井终孔位

7.3.5　地面瓦斯抽采系统

7.3.5.1　地面瓦斯抽采泵站

在地面钻井抽采卸压瓦斯期间，为保证瓦斯抽采泵的正常运转和为值班人员提供舒适的工作环境，建设瓦斯抽采泵站，如图 7-8 所示。抽采泵选用淄博水环真空泵厂有限公司生产的 2BEC40 水环真空泵，额定流量为 $94\text{m}^3/\text{min}$，极限压力为 16kPa，如图 7-9 所示，一台抽采一台备用。

图 7-8　瓦斯抽采泵站

图 7-9　地面移动瓦斯抽放泵

7.3.5.2　瓦斯抽放管路

瓦斯抽放管内径计算公式如下[208]：

$$d = 0.1457 \left(\frac{Q}{v} \right)^{0.5} \tag{7-1}$$

式中 d——瓦斯管内径，m；

Q——瓦斯管内流量，m^3/min；

v——瓦斯管内流速，m/s，一般取 $5 \sim 15m/s$。

根据地面钻井抽采采空区瓦斯的经验，混合流量可达 $20m^3/min$ 以上，因此 Q 选取 $20m^3/min$，v 取 8m/s，代入公式后得 $d = 230mm$，为使地面钻井瓦斯抽放达到最优，管路选用 $\phi 250mm$ 的瓦斯抽放管路。

7.3.5.3 旁通管路

孔板流量计是通过测定孔板两侧的静压差计算气体流量的装置，在每个地面钻井的孔口处都安装有孔板流量计，测量各个钻井的瓦斯流量。

由于孔板流量计是利用孔板产生的局部阻力测定气体流量的，所以若把孔板流量计直接安装在抽采管路中，在正常抽采工作中造成了一定的阻力损失，影响了系统的抽采效果。为了消除孔板流量计造成的阻力损失，在安装孔板流量计的管段并联安装旁通管路，当测量瓦斯流量时，关闭旁通管路的阀门即可。旁通管路如图 7-10 所示。

图 7-10 旁通管路

7.3.6 瓦斯抽放参数测量仪表

为了考查瓦斯抽放的效果，主要应测量两个参数：瓦斯浓度和瓦斯流量。

7.3.6.1 瓦斯浓度测量

煤矿最常用的瓦斯浓度测量仪器是光学瓦斯检定器。

光学瓦斯检定器一般都是根据光干涉原理制成，可以根据需要选用不同对象的检定器。煤矿广泛使用光干涉式甲烷检定器，它可以同时测量 CO_2。常用的有量程 0~10%（精度 0.01%）和 0~100%（精度 0.1%）两种。

地面瓦斯抽放系统抽出的瓦斯浓度都在 30% 以上，故选用高浓度瓦斯检定器，量程 0~100%，精度 0.1%。因为瓦斯抽放管路内负压较大，需要使用高负压采样器配合高浓度瓦斯检定器测定瓦斯浓度。

7.3.6.2　瓦斯流量测定

A　孔板压差流量计

孔板压差流量计由抽放瓦斯管路中增加的一个中心开孔的节流板、孔板两侧的垂直管壁和取压孔等组成（见图 7-11）。当气体流经管路内的节流板时，流束将形成局部收缩，在全压不变的条件下，收缩使流速增加、静压下降，在节流板前后便会产生静压差。在同一管路截面条件下，气体的流量越大，产生的压差也越大，因而可以通过测量压差来确定气体流量。

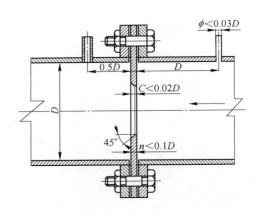

图 7-11　孔板流量计

B　辅助参数测量装置

根据上述计算孔板流量计流量的公式，还需测量的参数有：当地大气压，孔板两侧的静压差，孔板上风端的负压和孔板上风端的温度。当地大气压可由空盒气压计测量，如图 7-12 所示；孔板两侧的静压差和孔板上风端的负压由 U 形管压差计测量，根据其值大小和压差计的高度，可选用 U 形管水柱计或 U 形管水银计，如图 7-13 所示；上风端的温度可由红外线式温度计测量，如图 7-14 所示。

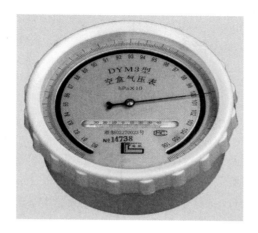

图 7-12　空盒气压计

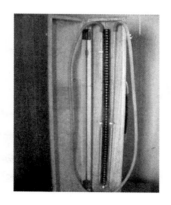

图 7-13　U形管压差计

图 7-14　红外线式温度计

7.4 地面钻井瓦斯抽采分析

7.4.1 瓦斯抽采量变化规律

7.4.1.1 一号钻井

2012 年 3 月 9 日，一号钻井完成施工，3 月 26 日地面抽采系统构建完成，3 月 27 日抽采系统进行了试运行。3 月 28 日，工作面推过钻井约 36m，一号钻井开始正式抽采东 102 工作面采空区瓦斯，初始纯瓦斯流量高达 16.39m³/min，浓度高达 62%。8 月 28 日（工作面推过钻井约 209m），纯瓦斯抽采流量降低 1.0m³/min 以下，至 9 月 14 日钻井停止抽采。一号钻井累计抽采纯瓦斯 122.487 ×10⁴m³。

一号钻井纯瓦斯抽采流量及浓度变化曲线如图 7-15 所示。

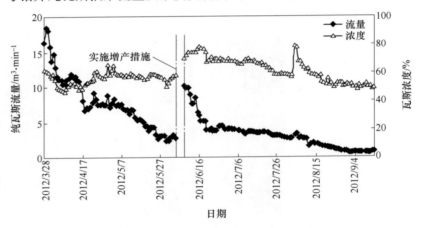

图 7-15   一号钻井纯瓦斯流量及浓度变化曲线

通过分析图 7-15 可得到如下结论：

（1）钻井抽采初期纯瓦斯流量较大，最大流量高达 18.24m³/min，随着抽采不断进行，工作面推过钻井距离增大，瓦斯流量逐渐减小，钻井对漏风流场影响减小。

（2）一号钻井抽采期为 167 天，各抽采流量范围分布如图 7-16 所示，其中流量在 3~7m³/min 范围内的抽采期为 70 天，占总抽采的 42%。

（3）受工作面推过钻井距离增大影响，特别是瓦斯泵多次停抽影响，5 月下旬瓦斯流量快速下降，至 6 月 4 日已降至 2.722m³/min，为提高钻井抽采效果，实施了钻井增产措施，实施后瓦斯流量大幅度提高并维持高流量抽采期约 74 天。

（4）瓦斯抽采浓度基本保持在 50%~75% 范围之内，抽采浓度稳定。

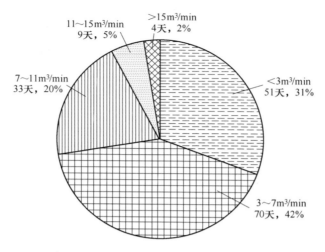

图 7-16 不同流量范围抽采时间分布图

7.4.1.2 二号钻井

2012 年 4 月 8 日，二号钻井正式施工完成。为考察钻井预抽煤层瓦斯效果，二号钻井于 4 月 28 日开始连接抽采系统进行预抽（工作面距钻井约 149.7m），初始纯瓦斯流量约为 0.52m³/min。9 月 3 日，纯瓦斯流量开始快速上升，进入高流量抽采期。截至 11 月 4 日，钻井已累计抽采纯瓦斯 60.767×10⁴ m³，目前二号钻井仍在进行抽采及考察。二号钻井纯瓦斯流量及浓度变化曲线如图 7-17 所示，其中第一次停抽是考察二号钻井抽采对一号钻井抽采流量的影响，第二次停抽原

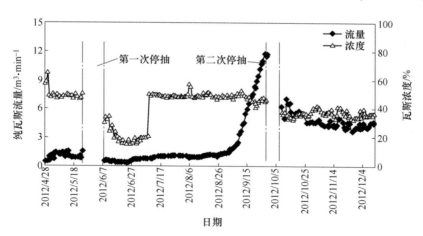

图 7-17 二号钻井纯瓦斯流量及浓度变化曲线

因是国庆节放假，全矿停止生产。

由图 7-17 可以看出：

（1）4 月 28 日至 9 月 3 日，钻井预抽煤层瓦斯效果一般，瓦斯流量基本在 $0.3 \sim 1.2 \mathrm{m}^3/\mathrm{min}$ 范围内波动。

（2）9 月 4 日开始，钻井纯瓦斯抽采流量开始快速上升，最高达 $11.8 \mathrm{m}^3/\mathrm{min}$。

（3）瓦斯流量上升过程中，由于国庆放假停止抽采；假期结束后，钻井开始重新进行抽采，由于钻井口进气惯性力消失，使流量降至 $6.3 \mathrm{m}^3/\mathrm{min}$，随着工作面继续推进，瓦斯流量逐渐降低。

7.4.1.3　纯瓦斯抽采流量与工作面推过钻井距离关系

一号钻井、二号钻井纯瓦斯抽采流量随工作面推过钻井距离变化如图 7-18 所示。

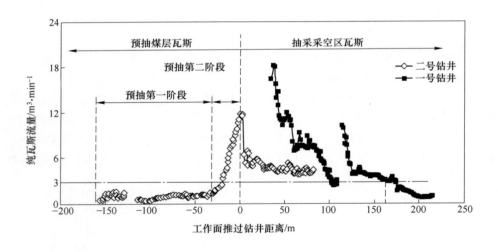

图 7-18　随工作面推过钻井距离纯瓦斯流量曲线图

根据图 7-18，综合分析一号钻井和二号钻井纯流量的变化特性，可得到如下结论：

（1）在工作面推进到钻井位置之前，钻井可预抽煤层瓦斯；根据煤体是否受到采动影响，钻井预抽煤层瓦斯可分为两个阶段，即预抽第一阶段和预抽第二阶段。

（2）预抽第一阶段（钻井与工作面的间距超过 27m），由于煤层透气性较差，瓦斯流量较低（1.0m³/min 左右）；9 月 4 日钻井进入预抽第二阶段（钻井与工作面的间距小于 27m），工作面逐渐接近钻井，由于受到采动影响钻井周围煤体的透气性逐渐增大，钻井预抽瓦斯流量开始快速上升，当工作面推进到钻井位置时，钻井纯瓦斯抽采流量高达 11.8m³/min。

（3）工作面推过钻井后，钻井开始抽采采空区瓦斯，并维持在高流量抽采阶段；随着工作面继续推进，流量逐渐降低，当工作面推过钻井约 50m 时，流量降低至 12m³/min 以下；工作面推过钻井约 200m 时，流量降至 1.0m³/min 左右，即可停止瓦斯抽采。

（4）若以 3m³/min 作为钻井高效抽采的临界值，则工作面距钻井约 30m 时钻井开始高效抽采，工作面推过钻井约 160m 时钻井结束高效抽采，因此钻井的控制范围为 190m。

（5）由于钻井控制范围为 190m，因此魏家地煤矿其他区域实施地面钻井抽采瓦斯技术时，钻井间距可按 150~200m 进行设计。

7.4.2 效果分析

7.4.2.1 瓦斯涌出量及回风瓦斯浓度

地面钻井大流量抽采采空区瓦斯，减少了东 102 工作面的瓦斯涌出量，并改变了采空区漏风流场，大幅度降低了回风及上隅角瓦斯浓度。钻井开始抽采瓦斯前后工作面瓦斯涌出量及回风瓦斯浓度的变化曲线如图 7-19 所示。

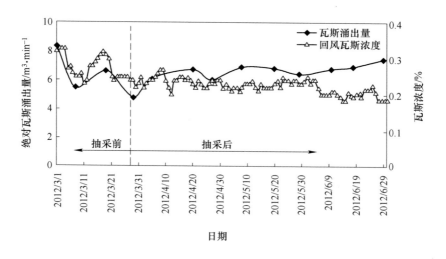

(a)

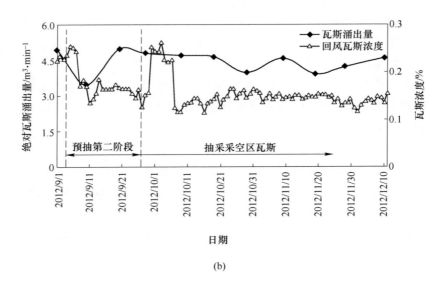

(b)

图 7-19　工作面瓦斯涌出量及回风瓦斯浓度曲线图

(a) 一号钻井；(b) 二号钻井

由图 7-19 可以看出：

(1) 地面钻井开始抽采采空区瓦斯后，采空区漏风流场改变，工作面瓦斯涌出量降低，回风瓦斯浓度基本都保持 0.3% 以下。

(2) 二号钻井进入预抽第二阶段后，回风瓦斯浓度再次降低，保持在 0.2% 以下；由于国庆节放假地面钻井停抽，回风瓦斯浓度上升至 0.2% 以上，复抽后又降至 0.2% 以下。

7.4.2.2　顶板巷抽采

由于地面钻井抽采降低了工作面瓦斯涌出量，因此有效减轻了井下采空区瓦斯抽采的压力。一号钻井从 3 月 28 日开始抽采，顶板巷抽采流量降低，但由于 4 月 11 日之前未安装管道流量测定装置，因此未考察顶板巷的纯瓦斯抽采流量。由于钻井抽采采空区瓦斯效果显著，4 月 20 日停止了顶板巷管道抽采采空区瓦斯，因此不分析一号钻井抽采期对顶板巷抽采的影响。二号钻井抽采过程中顶板巷纯瓦斯抽采流量变化如图 7-20 所示。

由图 7-20 可得到如下结论：

(1) 二号钻井进入预抽第二阶段后，纯瓦斯抽采流量快速上升，顶板巷纯瓦斯抽采流量大幅度降低，由钻井预抽第一阶段的 4.5m³/min 降至 0.7m³/min 左右，说明钻井抽采瓦斯可大幅度减轻井下采空区瓦斯抽采的压力。

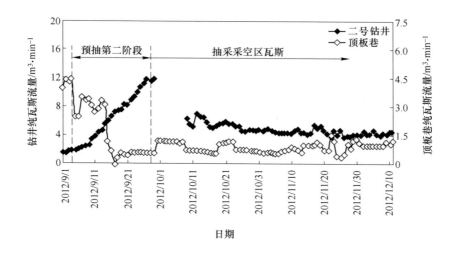

图 7-20 顶板纯瓦斯抽采流量曲线图

（2）9 月 27 日，东 102 工作面推过地面钻井，钻井开始抽采采空区瓦斯；国庆节放假期间，地面钻井停止抽采，虽然东 102 工作面也停止了生产，但顶板巷纯瓦斯抽采流量仍有小幅度上升。

（3）随着东 102 工作面不断向前推进，钻井对漏风流场的影响逐渐减小，钻井瓦斯流量缓慢降低，当钻井流量降至 4.5m³/min 左右时，顶板巷抽采采空区瓦斯逐渐增多，但纯瓦斯流量也仅为 1.1m³/min。

根据二号钻井预抽第二阶段及抽采采空区瓦斯期间回风瓦斯浓度及顶板巷抽采瓦斯流量变化的分析可知，钻井进入预抽第二阶段后，在顶板巷纯瓦斯抽采流量大幅度降低的情况下，回风瓦斯浓度仍然由预抽第一阶段的 0.23% 左右降至 0.15% 左右，说明钻井抽采采空区瓦斯效果显著，可取代井下的顶板巷抽采。

7.4.3 钻井停抽对瓦斯抽采的影响

钻井在抽采过程中，由于抽采系统调整、中途放假等原因造成钻井多次停抽，如一号钻井在 4 月 15 日停抽 8h，钻井停抽对瓦斯流量造成了一定影响。钻井停抽前、后各 10 天的纯瓦斯流量对比如图 7-21 所示，停抽前后瓦斯抽采统计情况见表 7-7。

通过对一号和二号钻井停抽前后各 10 天瓦斯流量的统计分析可知，钻井停抽将会使进气流引起的进气惯性力消失，造成瓦斯流量大幅度下降，平均下降幅度约为 40%，严重影响瓦斯抽采效果。

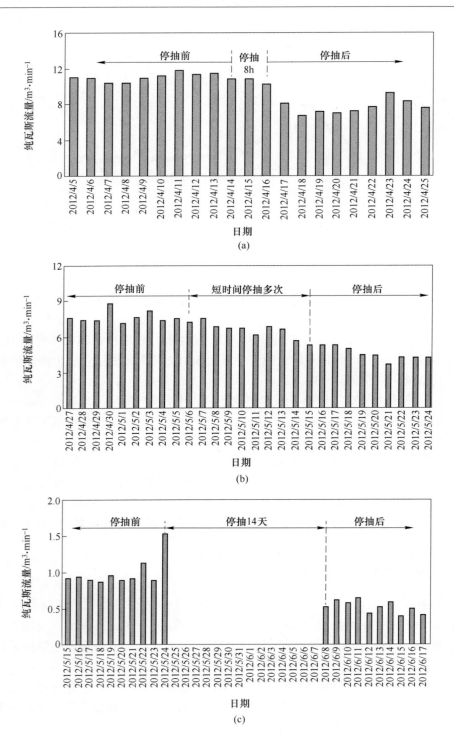

(a)

(b)

(c)

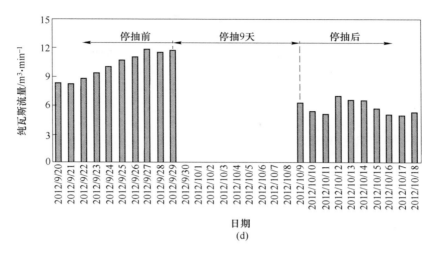

图 7-21 钻井停抽前后流量对比

（a）一号钻井 4 月 15 日停抽；（b）一号钻井 5 月 7 日至 5 月 14 日停抽；

（c）二号钻井 5 月 25 日至 6 月 7 日停抽；（d）二号钻井 9 月 30 日至 10 月 8 日停抽

表 7-7 钻井停抽前后流量统计表

钻 井	停抽前 10 天抽采总量/m³	停抽后 10 天抽采总量/m³	下降比例/%	停抽情况
一号钻井	158400	114055	28	4 月 15 日停抽 8h
	110009	66527	40	5 月 7 日至 5 月 14 日，多次短时间停抽
二号钻井	14233	7441	48	5 月 25 日至 6 月 7 日，停抽 14 天
	146697	83387	43	9 月 30 日至 10 月 8 日，停抽 9 天

7.4.4 瓦斯流量下降原因分析

由一号和二号钻井抽采瓦斯的实践可知，钻井停抽后将会造成瓦斯流量大幅度降低，其原因为：地面钻井抽采的瓦斯不可避免地会携带少量的岩粉、煤尘等微颗粒杂物，在正常抽采过程中，气流中的微颗粒在惯性作用下沿裂隙通道向前运移；一旦钻井停抽，微颗粒将沉积在裂隙通道中，然而当钻井再次开始抽采瓦斯时，流动的气流无法使较大的颗粒向前运移，因此残留在裂隙通道中的颗粒增大了抽采阻力，造成瓦斯流量降低。

此外，瓦斯抽采过程中，微颗粒杂物随瓦斯在裂隙内运动的过程中会沉降在裂隙通道断面或方向发生较大改变的区域（如裂隙交界区域、裂隙缩径区域），随着瓦斯抽采的不断进行，沉降微颗粒会逐渐增多形成堆积效应，最终甚至会封堵裂隙，隔断瓦斯的流动通道，因此钻井抽采后期，瓦斯流量也将大幅度降低。

7.4.5　气-液相组合增产技术及实施过程

针对钻井停抽及抽采后期瓦斯流量大幅度降低的问题，提出了气-液相组合增产技术，即首先向钻井中灌注大量清水，然后再向钻井中压入高压气体，实现清除裂隙通道中残留颗粒、提高瓦斯流量的目的。

气-液相组合增产技术原理为：注入钻井的清水在静水压力作用下通过裂隙通道流入采空区，在流动过程中可把堵塞裂隙的微颗粒杂物携带至采空区，从而实现疏通裂隙带内瓦斯流动通道的目的；向钻井内压入高压气体的目的是吹出残留在裂隙通道中的水，同时吹出未被水冲出裂隙的微颗粒杂物[209]。

5月7日至5月14日，一号钻井多次短时间停抽，造成瓦斯流量大幅度降低，至6月4日已降至2.722m³/min，为提高钻井抽采效果，6月5日至6月7日实施了气-液相组合增产技术，实施过程如下：

（1）拆除地面抽采管路，大流量地向钻井注入30m³清水，注水过程如图7-22所示。

图7-22　向钻井内注水

（2）注水完成24h之后，密封钻井井口，向钻井内压入流量约为20m³/min、压力约为1.3MPa的高压空气，压气系统如图7-23所示，空压机数据显示表如图7-24所示，压气时间共持续3h。

（3）压气结束12h后，首先利用卸压阀放出钻井内的残余高压气体，然后拆除井口密封装置，使钻井连接抽采系统，重新开始抽采瓦斯。

图 7-23　压气系统

图 7-24　空压机数据显示表

7.4.6　实施效果

气-液相组合增产技术实施后，钻井瓦斯抽采流量由 2.7m³/min 上升至 10.2m³/min，并维持 2.5m³/min 以上的高流量抽采期 74 天，如图 7-25 所示。

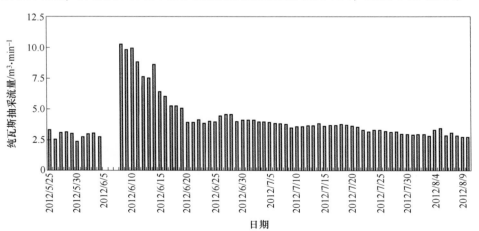

图 7-25　增产技术实施前后流量对比

　　若不实施增产技术，在不考虑瓦斯流量继续下降的情况下，瓦斯流量按照 2.7m³/min 计算，从 6 月 8 日至 8 月 10 日钻井可抽采纯瓦斯 287712m³，实施气-液相组合增产技术实施后钻井实际抽采纯瓦斯 394616m³，比不实施增产技术多抽纯瓦斯 106904m³。

　　若考虑不实施增产技术条件下瓦斯流量继续下降的情况，钻井实施增产技术比不实施增产技术抽采的纯瓦斯将远高于 106904m³。通过上述分析可知，实施气-液相组合增产技术可显著提高钻井瓦斯抽采流量，延长钻井有效抽采期。

参 考 文 献

[1] 陆莱平. 组合煤岩的强度弱化减冲原理及其应用 [D]. 徐州：中国矿业大学，2008.

[2] 袁亮. 我国煤炭资源高效回收及节能战略研究 [M]. 北京：科学出版社，2017：80-85.

[3] 张农，薛飞，韩昌良. 深井无煤柱煤与瓦斯共采的技术挑战与对策 [J]. 煤炭学报，2015，40（10）：2251-2259.

[4] 何满潮，谢和平，彭苏萍，等. 深部开采岩体力学研究 [J]. 岩石力学与工程学报，2005，24（16）：2803-2813.

[5] 钱鸣高，许家林. 煤炭工业发展面临几个问题的讨论 [J]. 采矿与安全工程学报，2006，23（2）：127-132.

[6] 许家林. 煤矿绿色开采 [M]. 徐州：中国矿业大学出版社，2011.

[7] 郭庆勇，张瑞新. 废弃矿井瓦斯抽放与利用现状及发展趋势 [J]. 矿业安全与环保，2003，30（6）：23-27.

[8] 孙欣，金铃. 中国报废矿井瓦斯抽放与利用前景 [C]. 中英报废矿井瓦斯商业化开发研讨会，2012.

[9] 罗文柯，施式亮. 上覆巨厚火成岩下煤与瓦斯突出灾害危险性评估与防治对策 [M]. 徐州：中国矿业大学出版社，2017.

[10] 钱鸣高，刘听成. 采场矿山压力与控制 [M]. 北京：煤炭工业出版社，1983.

[11] 钱鸣高，刘听成. 矿山压力及其控制 [M]. 北京：煤炭工业出版社，1991.

[12] 宋振琪. 实用矿山压力控制 [M]. 徐州：中国矿业大学出版社，1988.

[13] 蒋金泉. 采场围岩应力与运动 [M]. 北京：煤炭工业出版社，1993.

[14] 陈炎光，钱鸣高. 中国煤矿采场围岩控制 [M]. 徐州：中国矿业大学出版社，1994.

[15] 徐永沂. 采矿学 [M]. 徐州：中国矿业大学出版社，2003.

[16] 姜福兴. 矿山压力与岩层控制 [M]. 北京：煤炭工业出版社，2004.

[17] Qian M G. Study of the behavior of overlying strata in longwall mining and its application to strata control [C]. Strata Mechanics, Elsevier Scientific Publishing CoMPany, 1982.

[18] Qian M G, He F L. The behavior of the main roof in longwall mining：Weighting span, Fracture and disturbance [J]. Journal of Mines, Metals & Fuels, 1989, XXXⅦ（6&7）：240-246.

[19] 钱鸣高，何富连，王作棠，等. 再论采场矿山压力理论 [J]. 中国矿业大学学报，1994，23（3）：1-9.

[20] 钱鸣高，缪协兴，何富连. 采场砌体梁结构的关键块分析 [J]. 煤炭学报，1994，19（6）：557-563.

[21] 缪协兴，钱鸣高. 采场围岩整体结构与砌体梁力学模型 [J]. 矿山压力与顶板管理，1995，12（3-4）：3-12.

[22] 缪协兴. 砌体梁结构分析与应用 [D]. 徐州：中国矿业大学，1996.

[23] A. A. 鲍里索夫. 矿山压力原理与计算 [M]. 王庆康译. 北京：煤炭工业出版社，1986.

[24] 钱鸣高，朱德仁. 老顶断裂模式及其对采面来压的影响 [J]. 中国矿业大学学报，1986，14（2）：9-16.

［25］ Zhu D R, Qian M G. Structure and stability of main roof after its fracture ［J］. Journal of China University of Mining & Technology, 1990, 1（1）: 21-30.

［26］ 吴洪词. 长壁工作面基础板结构模型及其来压规律 ［J］. 煤炭学报, 1997, 22（3）: 259-264.

［27］ 贾喜荣, 翟英速. 采场薄板矿压理论与实践综述 ［J］. 矿山压力与顶板管理, 1999, 16（1-2）: 22-25.

［28］ 翟所业, 张开智. 用弹性板理论分析采场覆岩中的关键层 ［J］. 岩石力学与工程学报, 2004, 23（11）: 1856-1860.

［29］ 陈忠辉, 谢和平, 李全生. 长壁工作面采场围岩铰接薄板组力学模型研究 ［J］. 煤炭学报, 2005, 30（2）: 172-176.

［30］ 钱鸣高, 缪协兴, 许家林. 岩层控制中的关键层理论研究 ［J］. 煤炭学报, 1996, 21（3）: 225-230.

［31］ Qian M G, He F L, Miao X X. The system of strata control around longwall face in China ［C］. In: Guo Yuguang, Tad S Golosinski, eds. Mining Science and Technology, Rotterdam: AA Balkema, 1996: 15-18.

［32］ 许家林. 岩层移动控制的关键层理论及其应用 ［D］. 徐州: 中国矿业大学, 1999.

［33］ 缪协兴, 钱鸣高. 采动岩体的关键层理论研究新进展 ［J］. 中国矿业大学学报, 2000, 29（1）: 25-29.

［34］ 钱鸣高, 缪协兴, 许家林, 等. 岩层控制的关键层理论 ［M］. 徐州: 中国矿业大学出版社, 2003.

［35］ Xie G X, Liu Q M, Hua X Z, et al. Patterns governing distribution of surrounding-rock stress and strata behaviors of fully-mechanized caving faces ［J］. Journal of Coal Science & Engineering, 2004, 10（1）: 5-8.

［36］ 谢广祥. 综放面及其围岩宏观应力壳力学特征研究 ［J］. 煤炭学报, 2005, 30（3）: 309-313.

［37］ Xie G X, Chang J C, Yang K. Investigations into stress shell characteristics of surrounding rock in fully mechanized top-coal caving face ［J］. International Journal of Rock Mechanics & Mining Sciences, 2009, 46: 172-181.

［38］ 阿威尔辛. 煤矿地下开采的岩层移动 ［M］. 北京矿业学院矿山测量教研组译. 北京: 煤炭工业出版社, 1959.

［39］ 克拉茨 H. 采动损害及其防护 ［M］ 马伟民, 王金庄, 王绍林译. 北京: 煤炭工业出版社, 1984.

［40］ Helmut Kratzsch. Mining subsidence engineering ［M］. Berlin: Springer-Verlag, 1983.

［41］ National Coal Board（NCB）. Subsidence engineer's handbook ［M］. NCB Mining Department, London, 1975.

［42］ Peng S S, Chiang H S. Longwall mining ［M］. New York: Wiley, 1984.

［43］ Holla L, Barclay E. Mine subsidence in the southern coalfield, NSW, Australia ［M］. Mineral Resources of NSW, Sydney, 2000.

［44］ Palchik V. Influence of physical characteristics of weak rock mass on height of caved zone over abandoned subsurface coal mines ［J］. Environmental Geology, 2002, 42 （1）: 92-101.

［45］ Hartman H L. SME mining engineering handbook ［M］. The Society for Mining, Metallurgy and Exploration, USA, 1992.

［46］ 刘天泉. 矿山岩体采动影响与控制工程学及其应用 ［J］. 煤炭学报, 1995, 20 （1）: 1-5.

［47］ 煤炭科学研究院北京开采研究所. 煤矿地表移动与覆岩破坏规律及其应用 ［M］. 北京: 煤炭工业出版社, 1981.

［48］ 钱鸣高, 许家林. 煤炭开采与岩层运动 ［J］. 煤炭学报, 2019, 44 （4）: 973-984.

［49］ 高延法. 岩移 "四带" 模型与动态位移反分析 ［J］. 煤炭学报, 1996, 21 （1）: 51-56.

［50］ 宋扬, 吴士良, 姜福兴, 等. 放顶煤开采覆岩结构运动特征及应力场分布研究 ［R］. 国家自然科学基金重点项目研究报告, 泰安, 1997.

［51］ 许家林, 钱鸣高. 覆岩采动裂隙分布特征的研究 ［J］. 矿山压力与顶板管理, 1997, 14 （3-4）: 210-212.

［52］ 钱鸣高, 许家林. 覆岩采动裂隙分布的 "O" 形圈特征研究 ［J］. 煤炭学报, 1998, 23 （5）: 466-469.

［53］ 邓喀中. 开采沉陷中岩体结构效应研究 ［M］. 徐州: 中国矿业大学出版社, 1993.

［54］ 邓喀中, 周鸣, 谭志祥, 等. 采动岩体破裂规律的试验研究 ［J］. 中国矿业大学学报, 1998, 27 （3）: 261-264.

［55］ 于广明, 孙洪泉, 赵建锋. 采矿引起地表点动态下沉的分形增长规律研究 ［J］. 岩石力学与工程学报, 2001, 20 （1）: 34-37.

［56］ 于广明, 谢和平, 周宏伟, 等. 结构化岩体采动裂隙分布规律与分形性实验研究 ［J］. 实验力学, 1998, 13 （2）: 145-154.

［57］ 李树刚, 石平五, 钱鸣高. 覆岩采动裂隙椭抛带动态分布特征研究 ［J］. 矿山压力与顶板管理, 1999, 16 （1-2）: 44-46.

［58］ 李树刚, 徐培耘, 赵鹏翔, 等. 采动裂隙椭抛带时效诱导作用及卸压瓦斯抽采技术 ［J］. 煤炭科学技术, 2018, 46 （9）: 146-152.

［59］ 潘瑞凯, 曹树刚, 李勇, 等. 浅埋近距离双厚煤层开采覆岩裂隙发育规律 ［J］. 煤炭学报, 2018, 43 （8）: 2261-2268.

［60］ 王家臣, 王兆会. 综放开采顶煤裂隙扩展的应力驱动机制 ［J］. 煤炭学报, 2018, 43 （9）: 2376-2388.

［61］ 撒占友, 张辉, 李佳慧. "三软" 煤层上保护层开采覆岩裂隙演化规律研究 ［J］. 青岛理工大学学报, 2018, 39 （3）: 15-20.

［62］ 王新丰, 高明中, 李隆钦. 深部采场采动应力、覆岩运移以及裂隙场分布的时空耦合规律 ［J］. 采矿与安全工程学报, 2016, 33 （4）: 604-610.

［63］ 周世宁, 孙辑正. 煤层气流动理论及其应用 ［J］. 煤炭学报, 1965, 2 （1）: 24-36.

［64］ 王佑安. 煤和瓦斯突出理论的若干问题 ［C］. 四川煤矿第二届煤和瓦斯突出学术讨论会, 1978.

［65］ 孙培德. 煤层瓦斯流动方程补正 ［J］. 煤田地质与勘探, 1993, 21 （5）: 61-62.

[66] 罗新荣. 煤层瓦斯运移物理模型与理论分析 [J]. 中国矿业大学学报, 1991, 20 (3): 36-42.

[67] 姚宇平. 煤层瓦斯流动的达西定律与幂定律 [J]. 山西矿业学院学报, 1992, 10 (1): 32-37.

[68] Somerton W H, et al. Effect of stress on permeability of coal [J]. Int. J. Rock Mech. Min. Sci. & Geomech. Abstr. 1975, 12 (2): 151-158.

[69] Harpalani S, Mopherson M J. The effect of gas evacation on coal permeability testspecimens [J]. Int. J. Rock Mech. Min. Sci. & Geomech. Abstr. 1984, 21 (2): 361-364.

[70] Harpalani S. Gas flow through stressed coal [D]. University of California Berkeley, 1985.

[71] Gawuga J. Flow of gas through stressed carboniferous strata [D]. University of Nottingham, 1979.

[72] Enever J R E, Henning A. The Relationship Between Permeability and Effective Stress for Australian Coal and Its Implications with Respect to Coalbed Methane Exploration and Reservoir Modelling [C]. Proceedings of the 1997 International Coalbed Methane Symposium, 1997.

[73] 林柏泉, 周世宁. 煤样瓦斯渗透率的实验研究 [J]. 中国矿业学院学报, 1987, 16 (1): 21-28.

[74] 赵阳升, 胡耀青, 杨栋, 等. 三维应力下吸附作用对煤岩体气体渗流规律影响的研究 [J]. 岩石力学与工程学报, 1999, 18 (6): 651-653.

[75] Zhao Y S, Kang T H, Hu Y Q. The permeability classification of coal seam in China [J]. Int. J. Rock Mech. Min. Sci. , 1995, 32 (4): 365-369.

[76] 唐巨鹏, 潘一山, 李成全, 等. 有效应力对煤层气解吸渗流影响试验研究 [J]. 岩石力学与工程学报, 2006, 25 (8): 1563-1568.

[77] 杜云贵. 地球物理场中煤层瓦斯吸附、渗流特性研究 [D]. 重庆: 重庆大学, 1993.

[78] 谭学术, 鲜学福, 张广洋, 等. 煤的渗透性研究 [J]. 西安矿业学院学报, 1994, 14 (3): 22-26.

[79] 程瑞端, 陈海焱, 鲜学福, 等. 温度对煤样渗透系数影响的实验研究 [J]. 煤炭工程师, 1998, 24 (1): 13-16.

[80] 孙培德, 凌志仪. 三轴应力作用下煤渗透率变化规律实验 [J]. 重庆大学学报, 2000, 23 (1): 28-31.

[81] 孙培德. 变形过程中煤样渗透率变化规律的实验研究 [J]. 岩石力学与工程学报, 2001, 20: 1801-1804.

[82] 许江, 鲜学福, 杜云贵, 等. 含瓦斯煤的力学特性的试验研究 [J]. 重庆大学学报, 1993, 16 (5): 42-47.

[83] 张广洋, 胡耀华, 姜德义. 煤的瓦斯渗透性影响因素的探讨 [J]. 重庆大学学报, 1995, 18 (3): 27-30.

[84] 鲜学福. 地电场对煤层中瓦斯渗流影响的研究 [A]. 国家自然科学基金资助项目研究总结报告, 1993.

[85] 杨栋, 赵阳升. 裂隙状采场底板固流耦合作用的数值模拟 [J]. 煤炭学报, 1998, 23 (1):

37-41.

[86] 李树刚, 石平五, 钱鸣高. 覆岩采动裂隙椭抛带动态分布特征研究 [J]. 煤炭学报, 1999, 3: 44-46.

[87] 方新秋, 张玉国, 郭和平. 采场多裂隙直接顶破坏的模拟研究 [J]. 矿山压力与顶板管理, 2000, 2: 36-38.

[88] 靳钟铭, 魏锦平, 靳文学. 放顶煤采场前支承压力分布特征 [J]. 太原理工大学学报, 2001, 32 (3): 216-218.

[89] 侯忠杰. 层状矿床采场垮落带老顶与裂隙带老顶的判别 [C]. 西安: 中国岩石力学与工程学会第七次学术大会论文集, 2002.

[90] 刘泽功, 袁亮, 戴广龙, 等. 采场覆岩裂隙特征研究及在瓦斯抽放中应用 [J]. 安徽理工大学学报 (自然科学版), 2004, 24 (4): 10-15.

[91] 孙凯民, 许德岭, 杨昌能, 等. 利用采场覆岩裂隙研究优化采空区瓦斯抽放参数 [J]. 采矿与安全工程学报, 2008, 25 (3): 366-370.

[92] 张玉军, 李凤明. 采动覆岩裂隙分布特征数字分析及网络模拟实现 [J]. 煤矿开采, 2009, 14 (5): 4-6.

[93] 黄炳香, 刘锋, 王云祥, 等. 采场顶板尖灭隐伏逆断层区导水裂隙发育特征 [J]. 采矿与安全工程学报, 2010, 27 (3): 377-341.

[94] 曾强, 王德明, 蔡忠勇. 煤田火区裂隙场及其透气率分布特征 [J]. 煤炭学报, 2010, 35 (10): 1670-1673.

[95] 刘金海, 姜福兴, 冯涛. C 型采场支承压力分布特征的数值模拟研究 [J]. 岩土力学, 2010, 31 (12): 4011-4015.

[96] 师皓宇, 田多, 田昌盛. 采场底板岩体裂隙发育深度影响因素敏感性研究 [J]. 华北科技学院学报, 2011, 8 (4): 27-29.

[97] 张胜, 田利军, 肖鹏. 综放采场支承压力对覆岩裂隙发育规律的影响机理研究 [J]. 矿业安全与环保, 2011, 38 (6): 12-14.

[98] 孟攀, 叶金焱. 采场覆岩裂隙发育及高位钻孔优化设计 [J]. 煤田地质与勘探, 2012, 40 (2): 19-22.

[99] 袁本庆. 近距离厚煤层采场底板岩体应力分布及采动裂隙演化规律研究 [D]. 淮南: 安徽理工大学, 2012.

[100] 冯国瑞, 白锦文, 杨文博, 等. 复合采动损伤对层间隔水控制层稳定性的影响 [J]. 煤炭学报, 2019, 44 (3): 777-785.

[101] 李立. 支承压力区煤体裂隙演化区域性研究 [J]. 中国矿业大学学报, 2019, 48 (2): 313-321.

[102] 郭良, 张春雷. 采空区底板不同深度岩体裂隙演化规律 [J]. 煤矿安全, 2019, 50 (2): 204-207, 213.

[103] 李海龙, 白海波, 马丹, 等. 采动动载作用下底板岩层裂隙演化规律的相似模拟研究 [J]. 采矿与安全工程学报, 2018, 35 (2): 365-372.

[104] 林海飞. 采动裂隙椭抛带中瓦斯运移规律及其应用分析 [D]. 西安: 西安科技大

学, 2004.

[105] 毕业武. 保护层开采对煤层渗透特性影响规律的研究 [D]. 阜新: 辽宁工程技术大学, 2005.

[106] 李忠华. 高瓦斯煤层冲击地压发生理论研究及应用 [D]. 阜新: 辽宁工程技术大学, 2007.

[107] 魏磊. 下保护层开采覆岩结构演化及卸压瓦斯抽放技术研究 [D]. 淮南: 安徽理工大学, 2007.

[108] 程详, 赵光明, 李英明, 等. 软岩保护层开采卸压增透效应及瓦斯抽采技术研究 [J]. 采矿与安全工程学报, 2018, 35 (5): 1045-1053.

[109] 张树川. 地面钻孔抽采被保护层卸压瓦斯技术研究 [D]. 淮南: 安徽理工大学, 2008.

[110] 涂敏. 煤层气卸压开采的采动岩体力学分析与应用研究 [D]. 徐州: 中国矿业大学, 2008.

[111] 肖应祺. 祁南矿 3-2 煤层深孔爆破增透技术的研究及应用 [D]. 淮南: 安徽理工大学, 2008.

[112] 翟成. 近距离煤层群采动裂隙场与瓦斯流动场耦合规律及防治技术研究 [D]. 徐州: 中国矿业大学, 2008.

[113] 张宏伟, 付兴, 霍丙杰, 等. 低透煤层保护层开采卸压效果试验 [J]. 安全与环境工程学报, 2017, 17 (6): 2134-2139.

[114] 王亮. 巨厚火成岩下远程卸压煤岩体裂隙演化与渗流特征及在瓦斯抽采中的应用 [D]. 徐州: 中国矿业大学, 2009.

[115] 王文. 远距离下保护层开采卸压增透特性研究 [D]. 焦作: 河南理工大学, 2008.

[116] 林海飞. 综放开采覆岩裂隙演化与卸压瓦斯运移规律及工程应用 [D]. 西安: 西安科技大学, 2009.

[117] 刘洪永. 远程采动煤岩体变形与卸压瓦斯流动气固耦合动力学模型及其应用研究 [D]. 徐州: 中国矿业大学, 2010.

[118] 余陶. 低透气性煤层穿层钻孔区域预抽瓦斯消突技术研究 [D]. 合肥: 安徽建筑工业学院, 2010.

[119] 王磊. 应力场和瓦斯场采动耦合效应研究 [D]. 淮南: 安徽理工大学, 2010.

[120] 邵太升. 黄沙矿上保护层开采卸压释放作用研究 [D]. 徐州: 中国矿业大学, 2011.

[121] 高明松. 上保护层开采煤岩变形与卸压瓦斯抽采技术研究 [D]. 淮南: 安徽理工大学, 2011.

[122] 李成伟. 坚硬顶板采场瓦斯涌出与周期来压关系研究 [D]. 焦作: 河南理工大学, 2011.

[123] 黄振华. 缓倾斜多煤层下保护层开采的卸压瓦斯抽采设计研究 [D]. 重庆: 重庆大学, 2011.

[124] 刘洪永, 程远平, 陈海栋. 含瓦斯煤岩体采动致裂特性及其对卸压变形的影响 [J]. 煤炭学报, 2011, 36 (12): 2074-2079.

[125] 杨党委. 弱透气性煤层受岩石下保护层开采影响卸压增透效果研究 [J]. 能源与环保, 2019, 41 (3): 5-10.

[126] 刘 东，刘文. 水力冲孔压裂卸压增透抽采瓦斯技术研究 [J]. 煤炭科学技术，2019, 47
　　　 (3)：136-141.

[127] 何福胜，毕建乙，王海东. 低透气性煤层水力压裂增透数值模拟研究 [J]. 中国煤炭，
　　　 2018, 44 (10)：136-142, 173.

[128] 周世宁，孙辑正. 煤层瓦斯流动理论及其应用 [J]. 煤炭学报，1965, 2 (1)：24-36.

[129] 余楚新，鲜学福. 煤层瓦斯流动理论及渗流控制方程的研究 [J]. 重庆大学学报，1989,
　　　 (5)：1-9.

[130] 章梦涛，潘一山，梁冰. 煤岩流体力学 [M]. 北京：科学出版社，1995.

[131] 赵鹏翔，卓日升，李树刚，等. 综采工作面推进速度对瓦斯运移优势通道演化的影响
　　　 [J]. 煤炭科学技术，2018, 46 (7)：99-108.

[132] 蒋曙光，张人伟. 综放采场流场数学模型及数值计算 [J]. 煤炭学报，1998, 23 (3)：
　　　 258-261.

[133] 丁广骧，柏发松. 采空区混合气运动基本方程及有限元解法 [J]. 中国矿业大学学报，
　　　 1996, 25 (3)：21-26.

[134] 丁广骧. 矿井大气与瓦斯三维流动 [M]. 徐州：中国矿业大学出版社，1996.

[135] 李宗翔，孙广义，王继波. 回采采空区非均质渗流场风流移动规律的数值模拟 [J]. 岩
　　　 石力学与工程学报，2001, 20 (增2)：1578-1581.

[136] 李宗翔. 综放工作面采空区瓦斯涌出规律的数值模拟研究 [J]. 煤炭学报，2002, (2)：
　　　 173-178.

[137] 许家林，钱鸣高. 岩层采动裂隙分布在绿色开采中的应用 [J]. 中国矿业大学学报，
　　　 2004, 33 (2)：141-149.

[138] 屈庆栋，许家林，钱鸣高. 关键层运动对邻近层瓦斯涌出影响的研究 [J]. 煤炭学报，
　　　 2007, 26 (7)：1478-1484.

[139] 袁亮. 留巷钻孔法煤与瓦斯共采技术 [J]. 煤炭学报，2008, 33 (8)：898-902.

[140] 袁亮. 卸压开采抽采瓦斯理论及煤与瓦斯共采技术体系 [J]. 煤炭学报，2009, 34 (1)：
　　　 1-8.

[141] 郭玉森，林柏泉，吴传始. 围岩裂隙演化与采动卸压瓦斯储运的耦合关系 [J]. 采矿与
　　　 安全工程学报，2007, 24 (4)：414-417.

[142] Li Shugang, Lin Haifei, Cheng Lianhua, et al. Studies on distribution pattern of and methane
　　　 migrating mechanism in the mining-induced fracture zones in overburden strata [C]. 24th In-
　　　 ternational Conference on Ground Control in Mining, Beijing, 2005-08-04.

[143] 李树刚，林海飞，成连华. 采动裂隙椭抛带卸压瓦斯抽取方法 [J]. 西安科技学院学报，
　　　 2004, 24 (1)：15-18.

[144] 赵阳升，胡耀青，赵宝虎，等. 块裂介质岩体变形与气体渗流的耦合数学模型及其应用
　　　 [J]. 煤炭学报，2003, 28 (1)：41-45.

[145] Karacan C Ö, Esterhuizen G S, Schatzel S J. Reservoir simulation-based modeling for charac-
　　　 terizing longwall methane emissions and gob venthole reduction [J]. International Journal of
　　　 Coal Geology, 2007, 71：225-245.

[146] Karacan C Ö, Gerrit Goodman. Hydraulic conductivity changes and influencing factors longwall Overburden determined by slug tests in gob gas vent holes [J]. International Journal of Rock Mechanics & Mining Sciences, 2009, 46: 1162-1174.

[147] 吴仁伦, 王继林, 折志龙, 等. 煤层采高对采动覆岩瓦斯卸压运移 "三带" 范围的影响 [J]. 采矿与安全工程学报, 2017, 34 (6): 1223-1231.

[148] 洛锋, 曹树刚, 李勇栋, 等. 采动应力集中壳和卸压体空间形态演化及瓦斯运移规律研究 [J]. 采矿与安全工程学报, 2018, 35 (1): 155-162.

[149] 杨东. 下保护层开采覆岩卸压及瓦斯运移规律 [J]. 工业安全与环保, 2017, 43 (9): 48-51.

[150] 孙海涛, 郑颖人, 胡千庭, 等. 地面钻井套管耦合变形作用机理 [J]. 煤炭学报, 2011, 36 (5): 823-829.

[151] Karacan C Ö. Forecasting gob gas venthole production performances using intelligent computing methods for optimum methane control in longwall coal mines [J]. International Journal of Coal Geology, 2009, 79 (4): 131-144.

[152] Palchik V. Use of Gaussian distribution for estimation of gob gas drainage well productivity [J]. Mathematical Geology, 2002, 34 (6): 743-765.

[153] 胡千庭, 梁运培, 林府进. 采空区瓦斯地面钻孔抽采技术试验研究 [J]. 中国煤层气, 2006, 3 (2): 3-6.

[154] Karacan C Ö, Luxbacher K. Stochastic modeling of gob gas venthole production performances in active and completed longwall panels of coal mines [J]. International Journal of Coal Geology, 2010, 84 (2): 125-140.

[155] Ren T X, Edwards Jos. Goaf gas modeling techniques to maximize methane capture from surface gob wells [A]. Mine Ventilation, 2002: 279-286.

[156] Diamond W P, Jeran P W, Trevits M A. Evaluation of alternative placement of longwall gob gas ventholes for optimum performance: report of investigations 9500 [R]. Washington D. C.: Bureau of Mines, 1994.

[157] Huang H Z, Sang S X, Fang L C, et al. Optimum location of surface wells for remote pressure relief coalbed methane drainage in mining areas [J]. Mining Science and Technology, 2010, 20 (2): 230-237.

[158] 高强. 地面钻井抽采条件下废弃采空区煤层气渗流特性研究 [D]. 太原: 太原理工大学, 2018.

[159] Moore T D, Maurice Deul J R, Kissell F N. Longwall gob degasification with surface ventilation boreholes above the Lower Kittanning Coalbed: Report of Investigations 8195 [R]. Washington D. C.: Bureau of Minesm, 1976.

[160] Diamond W P. Methane control for underground coal mines: Report of Investigations 9395 [R]. Washington D. C.: Bureau of Mines, 1994.

[161] 陈金华. 地面钻井抽采上覆远距离煤层卸压瓦斯的试验研究 [J]. 矿业安全与环保, 2010, 37 (2): 23-26.

[162] 许家林, 钱鸣高. 地面钻井抽放上覆远距离卸压煤层气试验研究 [J]. 中国矿业大学学报, 2000, (1): 78-81.

[163] 于不凡, 王佑安. 煤矿瓦斯灾害防治及利用技术手册 (修订版) [M]. 北京: 煤炭工业出版社, 2005.

[164] 张子敏. 瓦斯地质学 [M]. 徐州: 中国矿业大学出版社, 2009.

[165] 俞启香. 矿井瓦斯防治 [M]. 徐州: 中国矿业大学出版社, 1992.

[166] 黄永菲, 丁金华. 地质构造对裴沟矿煤层瓦斯赋存规律的影响 [J]. 中州煤炭, 2009 (11): 31-33.

[167] 裴印昌, 龚邦军, 杨志. 大兴井田火成岩活动与瓦斯突出的关系 [J]. 煤炭技术, 2007, 26 (5): 127-129.

[168] 李波, 刘高峰. 天池煤 15 煤层瓦斯赋存规律研究 [J]. 煤矿安全, 2004, 32 (2): 123-129.

[169] 孙昌一. 地质构造对煤层瓦斯赋存与分布的控制作用——以任楼井田为例 [D]. 淮南: 安徽理工大学, 2006.

[170] 张子敏, 张玉贵. 三级瓦斯地质图与瓦斯治理 [J]. 煤炭学报, 2005, 30 (4): 455-458.

[171] 龙威成, 田俊伟. 黄陵一号煤矿 2 号煤层瓦斯赋存的影响因素分析 [J]. 煤炭技术, 2010, 29 (2): 90-92.

[172] Kaiser W R, Hamilton D S, Scott A R, et al. Geological and hydrological controls on the producibility of coalbed methane [J]. Journal of the Geological Society of London 151, 1994: 417-420.

[173] 杨孟达. 煤矿地质学 [M]. 北京: 煤炭工业出版社, 2006.

[174] 王恩营, 高荣斌. 煤层瓦斯赋存的岩层效应厚度分析 [J]. 煤炭学报, 2006 (3): 76-79.

[175] 徐龙仓, 李鸿宽. 影响鹤壁矿区二$_1$煤层瓦斯赋存及突出的地质因素分析 [J]. 中国煤层气, 2013, 10 (1): 41-43.

[176] 马丕梁. 煤矿瓦斯灾害防治技术手册 [M]. 北京: 化学工业出版社, 2007.

[177] 李卫东. 应用多元统计分析 [M]. 北京: 北京大学出版社, 2008.

[178] 田景文, 高美娟. 人工神经网络算法研究及应用 [M]. 北京: 北京理工大学出版社, 2006.

[179] 胡伍生. 神经网络理论及其工程应用 [M]. 北京: 测绘出版社, 2006.

[180] 颜爱华. 基于瓦斯地质的煤层瓦斯含量多源数据融合分析及预测研究 [D]. 北京: 中国矿业大学, 2010.

[181] 刘秀英, 张永波. 采空区覆岩移动规律的相似模拟实验研究 [J]. 太原理工大学学报, 2004, 35 (1): 30-35.

[182] 张正林. 覆岩采动裂隙带瓦斯运移规律及其抽取与利用 [D]. 西安: 西安科技学院, 2004.

[183] 刘佩. 地面钻孔抽采条件下采空区瓦斯运移及分布规律研究 [D]. 重庆: 重庆大学, 2009.

[184] 许家林, 朱卫兵, 王晓振. 基于关键层位置的导水裂隙带高度预计方法 [J]. 煤炭学报,

2012, 37（5）：762-769.

[185] 许家林, 王晓振, 刘文涛, 等. 覆岩主关键层位置对导水裂隙带高度的影响 [J]. 岩石力学与工程学报, 2009, 28（2）：380-385.

[186] 缪协兴, 刘卫群, 陈占清. 采动岩体渗流理论 [M]. 北京：科学出版社, 2004.

[187] 秦伟. 地面钻井抽采老采空区瓦斯的理论与应用研究 [D]. 徐州：中国矿业大学, 2013.

[188] 孔祥言. 高等渗流力学合肥 [M]. 合肥：中国科学技术大学出版社, 1999.

[189] 张国枢. 通风安全学 [M]. 徐州：中国矿业大学出版社, 2007.

[190] 余常昭. 环境流体力学导论 [M]. 北京：清华大学出版社, 1992.

[191] 李树刚. 综放开采围岩活动及瓦斯运移 [M]. 徐州：中国矿业大学出版社, 2000.

[192] 刘泽功. 卸压瓦斯储集与采场围岩裂隙演化关系研究 [D]. 合肥：中国科学技术大学, 2004, 11：88-92.

[193] 杨书彬, 王兆丰, 许彦鹏. 综采工作面浅孔瓦斯抽采消突技术应用研究 [J]. 河南理工大学学报（自然科学版）, 2009, 28（1）：8-12.

[194] 陈金华, 胡千庭. 地面钻井抽采采动卸压瓦斯来源分析 [J]. 煤炭科学技术, 2009, 37（12）：38-42.

[195] 张向东, 范学理, 赵德深. 覆岩运动的时空过程 [J]. 岩石力学与工程学报, 2002, 21（1）：65-68.

[196] 李霄尖, 姚精明. 高位钻孔瓦斯抽放技术理论与实践 [J]. 煤炭科学技术, 2007, 35（4）：78-81.

[197] 王青川, 王义国, 黄健强, 等. 水力喷射定向钻孔技术实践与认识 [J]. 油气井测试, 2010, 19（3）：54-55, 57.

[198] 蔡文军, 吴仲华, 聂云飞, 等. 水射流径向钻孔关键技术及试验研究 [J]. 钻采工艺, 2016, 39（4）：1-4.

[199] Buset P, Riiber M. Jet drilling tool：Cost-effective lateral drilling technology for enhanced oil recovery [C]. SPE68504, SPE/ICoTA Coiled Tubing Roundtable held in Houston, Texas, USA, March 7-8, 2001.

[200] Salem Ragab, Kamel A. Radial drilling technique for improving well productivity in petrobel-Egypt [C]. SPE164773, North Africa Technical Conference and Exhibition, Cairo, Egypt, April 15-17, 2013.

[201] Ahmed Kamel A, Cinelli S. Novel technique to drill horizontal laterals revitalizes aging field [C]. SPE 163405, SPE/IADC Drilling Conference, Amsterdam, The Netherlands, March 5-7, 2013.

[202] 侯树刚, 李帮民, 郑卫建. 中原油田超短半径径向水平井技术研究及应用 [J]. 钻采工艺, 2013, 36（3）：24-26.

[203] 黄洪春, 卢明, 申瑞臣. 煤层气定向羽状水平井钻井技术研究 [J]. 天然气工业, 2004, 5：76-78.

[204] 刘宝琛, 廖国华. 煤矿地表移动的基本规律 [M]. 北京：煤炭工业出版社, 1965.

[205] 秦跃平, 姚有利, 等. 铁法矿区地面钻孔抽放采空区瓦斯技术及应用 [J]. 辽宁工程技

术大学学报，2008，27（1）：5-8.

[206] 刘应科. 远距离下保护层开采卸压特性及钻井抽采消突研究 [D]. 徐州：中国矿业大学，2012.

[207] 杨世安，吕恩森. 铁法矿区煤层气开发地面钻孔技术 [C]. 第二届全国煤层气学术研讨会，1996：141-143.

[208] 崔光磊. 特厚煤层采动裂隙场演化与地面钻井产气规律 [D]. 徐州：中国矿业大学，2014.

[209] 韩巍. 魏家地矿单一特厚煤层采动卸压瓦斯的地面钻井抽采技术研究 [D]. 徐州：中国矿业大学，2015.